改變人類命運的

科學家們

과학자들 2

之二

從法拉第到愛因斯坦，一切從 Big Bang 開始

現今社會中，若說凡事都可以用科學來說明，也不過分，一切都可以用「科學」或「不科學」判斷或解釋。我們人類，別說是遙遠的銀河系另一邊的宇宙了，就連同屬於太陽系較近的其他行星都無法看見，但科學家們深信所計算出來的星星運行定律，以及哈伯太空望遠鏡所傳送回來的資料照片。不論有任何爭論，只要能提出較多科學實證證據的一方，理所當然地就會是贏家。

今日的科學，與支配中世紀西方世界的羅格斯（Logos）啟示相比較，科學的權威也毫不遜色。科學的理性貫穿了整個19世紀到20世紀，在深深影響世界觀並滲透人類靈魂的同時，尚有胡塞爾（Edmund Husserl）等哲學家們，警告實證主義的穿鑿附會思維是危險的。只是時代已經走到這一步了，大眾已經捨棄觀念哲學、批判哲學，轉而選擇更聰明的科學。然而在過去，哲學家們以部分思維所研究的自然哲學，卻佔據了學問的龍頭地位。

在現代社會，連宗教都會被批評為不科學，顯見這個時代的科學已經比宗教更具有優先地位。然而在過去，也曾經有過宗教大於科學的時代。是人們只相信神的話語、信任神在人間的代理人的教誨，科學被視為非宗教、非合理，受到批評與責難的時代。其實那個時代並不遙遠，在那個時空中，許多思想家既是哲學家、又是科學家也是鬥士。這套《改變人類命運的科學家們》介紹了從古代自然哲學家，到20世紀的科學家們的奇聞趣事。為了告知世人自己理解這個世界原理與現象的方式，他們經歷了無數的奮戰歲月，最後成為了學問的主角，而這些終將成為他們的編年史也說不定。

對於熟悉人文多過於科學的人們來說，科學性的內容確實不易親近，然而，這些看似與我們毫無關係的科學，若能從歷史或人物角度開始接觸，或許就能當成故事一般慢慢理解，進而產生自信。於是，這本書誕生了。

《改變人類命運的科學家們》系列書籍，收錄了科學史50個經典場面，以及讓這些場面得以成真的52位科學家的故事。第二冊有發現電磁關係的法拉第與完成電磁學的馬克士威、奠定量子力學基礎的湯姆森與拉塞福、發現相對論的愛因斯坦、揭開宇宙起源秘密的彭齊亞斯與威爾遜等等，替近代物理學開啟全新篇章的17位科學家。

在人類生活深受科學影響的時代裡，究竟發生了哪些事情？技術的發展讓使用於科學的各種工具更為先進，精密的觀測則支持了全新的假說，人類也因此有機會關心先前距離我們遙不可及的的宇宙起源。

希望大家透過《改變人類命運的科學家們【之二】：從法拉第到愛因斯坦，一切從Big Bang開始》，與那些主張著令人難以想像的理論、接著又帥氣地證明它們並開啟近代物理學之路的科學家們，來一段有趣的科學之旅。

2018年9月
金載勳

「我們所創造出來的世界，就是我們思考的過程。
若不改變想法，世界就不會改變。」

——愛因斯坦

科學家們努力地想要找出

所有自然現象的解答，

想像著無法想像的時空，

探索看不見的世界，

創造出可以用來理解世界的方程式。

目錄

01

探索光的本性
惠更斯

克里斯蒂安‧惠更斯 Christiaan Huygens (1629～1695)

荷蘭物理學家、天文學家和數學家。以光的波動說來詮釋多
種現象,並創立「惠更斯原理」。發現土星的衛星土衛六。

18世紀初，多數的歐洲自然哲學家都相信，只要依靠牛頓的《自然哲學的數學原理》和《光學》兩本著作，就能得到這世上所有現象的解答。

荷蘭的惠更斯就在這種情況下，針對光的本質提出與牛頓完全相反的主張。

人們對於光的想法從古代開始，就一直不斷發生改變。在西元前300多年時，幾何學之父歐幾里得（Euclid）曾提到，從人類眼睛發射出的光線必須接觸到事物，才看得見東西。

11世紀初期，阿拉伯科學家海什木（Ibn Al-Haytham）研究出人類眼睛會吸收光線的視覺現象。

到了近代，學者們變得更加注重
光的本質性。

宇宙中滿滿都是乙太，沒有任何空隙。光就是靠著這個介質傳遞的一種波動。

什麼是乙太？

那是為了說明在宇宙中的運動所想像出的假想物質。

17世紀時，身為機械論世界觀*創始人的笛卡兒（René Descartes）認為，光是藉由乙太這個介質來傳遞的波動。

機械論世界觀
此種世界觀認為，可以使用機械性的因果關係與力學定律，來詮釋自然界的運動與變化。

我比牛頓還早寫出關於光的論文。

Robert Hooke

牛頓說那是他在很久以前就想出來的耶？

於英國皇家學會負責帶領實驗科學的虎克（Robert Hooke）也抱持著相同看法。

你相信這個說法？

我不相信他，那要相信誰？

若是我來研究，那又不同了。

有什麼不同？

首先，我的看法和笛卡兒、虎克他們不同。

完成了古典物理學的牛頓也曾經研究過光學。

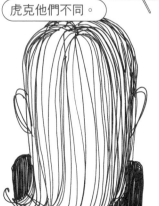

牛頓在其著作《光學》中，揭開光原本就是由各種色彩組成的這項事實。

白光內混合著各種顏色的光，這些光的折射角度各自不同，因此在透過稜鏡照射時才會分散。

他還做出以下結論：光是從光源向四周散開，並於乙太空隙之中直線前進的一種型態。

不是說乙太沒有空隙嗎？

那是笛卡兒的看法。

那你的看法是？

乙太也是粒子，所以會有可以讓光直線前進的空間。

也有許多學者支持他對於光的理論見解。

牛頓說是什麼就是什麼。

當然！

那還用說嗎？

我不管怎麼想都覺得牛頓錯了。

你不准那麼想。

我已經那麼想了！

同一時期，荷蘭的科學家惠更斯拿出令人難以忽視的證據，主張光具有波動的性質。

雖然看不出來，但我可是比牛頓大14歲喔。

所以呢？

惠更斯於1629年出生於荷蘭的海牙。

看得出來你大我14歲啊。

就算你學了很多東西，我也不會硬要你去主修法學，再成為一位外交官。

好，那我就當作沒聽到這些。

生於名門家庭的他，在最優秀的教育環境之下，學習了拉丁語、數學、法學、邏輯學、音樂等各種不同領域的學問。

由於父親聲望的緣故，家中常有名人來訪，笛卡兒便是其中之一。

惠更斯在決定前途時，並未遵照父親的期望。跟法學相比，他更受到數學和自然科學的吸引。

我考慮先從天文學開始。

你不去遠方留學沒關係嗎？

離家太辛苦了。

從那時候起，惠更斯就待在家中正式開始專注於觀察與研究。

他發現了土星的衛星，並分析土星環的成分。讓惠更斯在科學界聲名大噪的則是他在1657年取得發明專利的擺鐘。

雖然早在1678年就已經完成了對光的研究——他最出色的研究成果，但他卻一直等到1690年才出版《光論》一書。

這本書上寫著惠更斯的原理。

什麼原理？

讓牛頓碰一鼻子灰的原理。

可是牛頓的《光學》1704年才會出版耶？

那他應該早就碰了一鼻子灰吧。

認為光是波動的惠更斯，僅僅憑著光線可不受干涉地交會這點，就確信光不可能會是粒子。此外，他還發現了光的繞射現象。他認為無法用粒子說充分解釋這種繞射現象。

若真的是粒子，就得在這個交叉點

相互衝撞反彈才對吧？

碰

光所具備的運動特性，包含了直線傳播、反射、折射、繞射等。

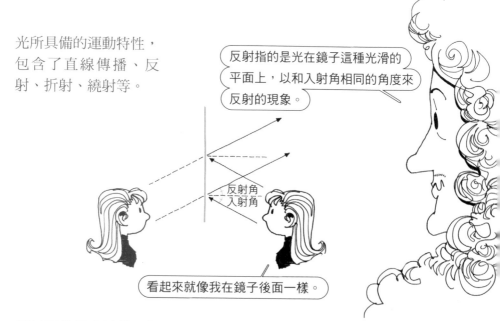

反射指的是光在鏡子這種光滑的平面上，以和入射角相同的角度來反射的現象。

反射角
入射角

看起來就像我在鏡子後面一樣。

折射指的是光線從一個介質進入另一個介質時，在分界處出現的偏折現象。

光在經過密度越高的光密介質時，速度就越慢。

正因為這種速度差距，才會造成偏折。

看不到。

看到了。

不管是「波動說」或「粒子說」，皆能分別解釋反射與折射現象。

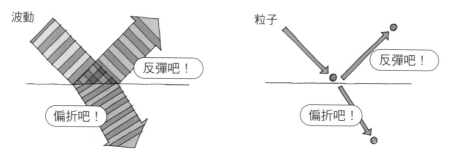

波動

反彈吧！

偏折吧！

粒子

反彈吧！

偏折吧！

但繞射情況可就不同了。繞射指的是光在經過狹小的縫隙時，看起來會向外擴散的現象。

看起來散開了耶？

如果是粒子，看起來要像這樣才對。

若光是粒子，就會以直線前進的方式通過縫隙，並且不受周遭干涉，呈現出清晰的影像。

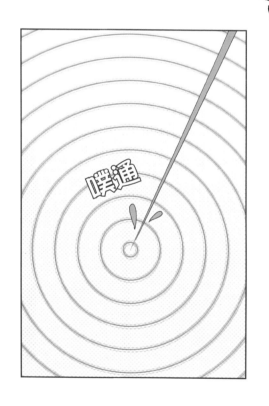

噗通

惠更斯主張，光必須是像聲音或水波那種波動，才能滿足繞射現象。

根據「惠更斯原理」提到的說法：假設有一個球型的光波，那個波面就是由許多點構成的。

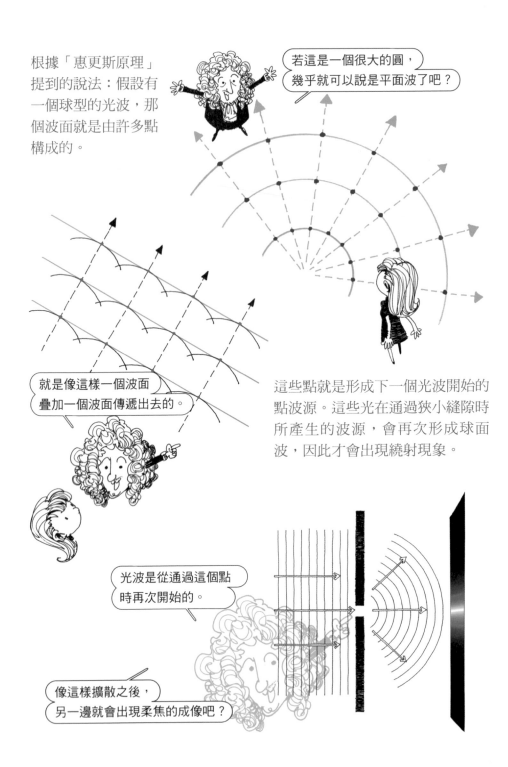

若這是一個很大的圓，幾乎就可以說是平面波了吧？

就是像這樣一個波面疊加一個波面傳遞出去的。

這些點就是形成下一個光波開始的點波源。這些光在通過狹小縫隙時所產生的波源，會再次形成球面波，因此才會出現繞射現象。

光波是從通過這個點時再次開始的。

像這樣擴散之後，另一邊就會出現柔焦的成像吧？

當時的科學界都能認同惠更斯的原理，但卻難以欣然支持他的主張。

你說的是沒錯啦⋯⋯

所以呢？

但這和牛頓的說法不同啊。

那就不行嗎？

你去問牛頓吧。

我曾經於1689年在皇家學會見到牛頓，和他交談。

他怎麼樣？

在18世紀結束前，惠更斯的原理，也只能算是與牛頓的《光學》相對，具有意義的一個假說罷了。

他是挺聰明的，不過錯了就是錯了。

然而，19世紀出現的天才科學家楊格，證實了惠更斯的波動說才是正確的。

都說那是粒子了。

怎樣都沒差吧。

當愛因斯坦出現後，情況變得有所不同。後來出現量子力學，情況又跟著發生改變⋯⋯到目前為止，科學家們仍在持續探究光的真面目。

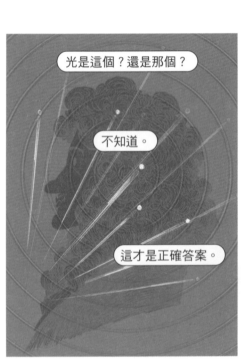

02

從科學進入工業

瓦特

詹姆斯・瓦特 James Watt（1736～1819）

英國機械工程師。將汽缸與冷凝器分離改良蒸汽機以提升其
熱效率，並研發出可使用蒸氣壓而非大氣壓來驅動的活塞。

自然科學家所發揮的想像力與獲得證實的世界觀，改變了近代人類的知識體系。到了18世紀，隨著科學原理被應用到工業中，人類實際生活的樣貌也跟著出現了全面性的改變。而點燃這場工業革命導火線的當事人，正是瓦特。

自文藝復興時期開始，自然科學家們不斷地累積了無數的發現與研究成果。

將所有知識資產視為養分，讓實事求是之花得以綻放，展開工業革命的主角是一群工程師。

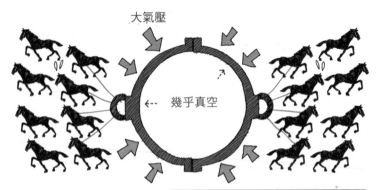

最先被認為具有實用
性，而被應用在工業領
域的，是與氣體性質、
氣壓和真空相關的科學
原理。

若將兩顆半圓球體相連，並將裡面
的空氣抽掉，就必需要用上16匹馬
分別往兩邊拉，才能將球體拉開。

什麼意思？

因為球體內部的空氣被抽光
了，內部向外推的大氣壓就消失了，只剩外部向內壓的大氣
壓。馬就是要跟外部向內壓的大氣壓抗衡。才能將球體拉開。

仔細想想，蒸氣的力量確實驚人。
而善用這股力量的蒸汽機的發達，很快就引發了工業革命。

是119嗎？我的壓力鍋爆炸了！

讓那台大型機器運轉的是煮沸的水？

是蒸氣。

雖然一說到蒸汽機就會想到瓦特，
但他卻不是第一個使用蒸氣讓機器運轉的人。

那你為什麼會那麼有名？

因為我進行了劃時代的改良和修理。

原來是將蒸汽機升級了。

古希臘的希羅

1 century

Heron

從很久以前開始，就已經有人嘗試著想像並設計以蒸氣作為動力的方法。

我用蒸氣做了會動的玩具。

Denis Papin

17 century

1679年法國的帕潘

我利用蒸氣的壓力發明出壓力鍋。

然後就在1712年，一位英國的五金工程師——紐科門（Thomas Newcomen）製造出實用的蒸氣引擎。

紐科門所製造的是將煤礦裡的積水汲取上來的一種水泵。

紐科門蒸汽機是以鐵桶和槓桿來驅動活塞。實際上讓水泵起作用的力量是大氣壓，因此他的蒸汽機也被稱為是「大氣式」蒸汽機。

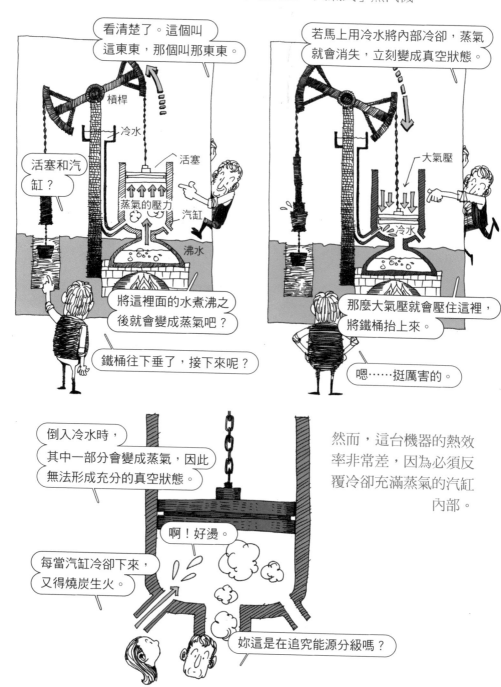

看清楚了。這個叫這東東，那個叫那東東。

槓桿
冷水
活塞
活塞和汽缸？
蒸氣的壓力
汽缸
沸水
將這裡面的水煮沸之後就會變成蒸氣吧？
鐵桶往下垂了，接下來呢？

若馬上用冷水將內部冷卻，蒸氣就會消失，立刻變成真空狀態。

大氣壓
冷水
那麼大氣壓就會壓住這裡，將鐵桶抬上來。
嗯……挺厲害的。

倒入冷水時，其中一部分會變成蒸氣，因此無法形成充分的真空狀態。

啊！好燙。

每當汽缸冷卻下來，又得燒炭生火。

然而，這台機器的熱效率非常差，因為必須反覆冷卻充滿蒸氣的汽缸內部。

妳這是在追究能源分級嗎？

同一時期在蘇格蘭的格拉斯哥大學，有一位聰明、手藝又好的機械工程師，他就是瓦特。

凡事都該追根究底。

瓦特雖然出生於富裕的家庭，但他在成長過程中遭逢家道中落，因此他選擇成為工匠，而非繼續求學。

若不想餓肚子，就得將技術練熟。

他在20歲出頭時，得到了一份可說是人生轉捩點
的工作——格拉斯哥大學的工作。

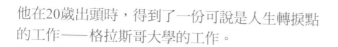

你要不要試著在學校開一間
修理店，負責管理和維修機器？

什麼機器？

尖端天文學觀測儀器和各種實驗儀器……

我就是發現了固定空氣（二氧化碳）
的明星教授布拉克。

是～

不用太拘謹。

嗯。

在那裡工作的期間，他與其中一位
名為布拉克（Joseph Black）的優
秀教授變成朋友。布拉克向瓦特解
釋他當時正在研究的「潛熱」。

物質在狀態變化的過程中，溫度不會產生變化。
水在變成水蒸氣時的沸點還是停在100℃。這個
就是潛藏起來的熱能，叫做潛熱。

這是說不管怎麼生火，
都只是在浪費煤炭吧？

而格拉斯哥大學持有的紐科門蒸汽機模型正好大約在那時發生故障。

負責維修的瓦特很快就找出機器在本質上的缺點，並開始琢磨該如何改善熱效率的問題。

問題在於該如何在維持汽缸內部溫度的同時，又能驅動活塞。瓦特找出了這個問題的答案。

他更進一步做出不用大氣壓，而是單純靠蒸氣壓來驅動活塞的高效能蒸汽機。

瓦特於1769年取得這項
技術的專利。

現在就等著賺錢了。

然而，就算這台蒸汽機的
性能非常優秀，瓦特的事
業還是發展得不太順遂。

大哥你的想像力、觀察力和專注力
全都非常優秀，但你還缺少了一項能力。

什麼能力？

行銷力。

你哪位？

我是在各方面都不如你，
唯有一項贏你的同行。

Matthew Boulton

這時對他伸出援手的人，就是
博爾頓（Matthew Boulton）。

博爾頓繼承了一開始曾為瓦特贊助者──羅巴克（John Roebuck）的蒸汽機專利權股份，並開設「博爾頓與瓦特」公司，正式開始致力於蒸汽機的生產和銷售。

博爾頓與瓦特的蒸汽機跨越歐洲，一路長驅直入進軍到美國。瓦特成為許多後進工程師的榜樣，並為靠著蒸氣式紡織機、火車而進入工業革命的時代帶來啟發。

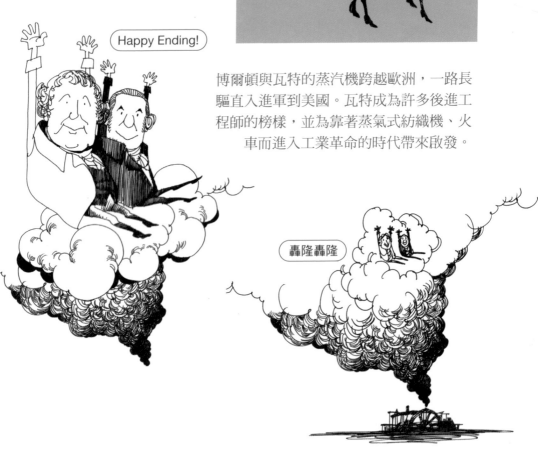

03

帶領時空革命的火車之父
史蒂芬生

喬治・史蒂芬生 George Stephenson (1781～1848)

英國蒸汽火車頭發明家。被委託製作用來運輸煤炭的火車頭，因此發明出第一輛用於工業現場的實用蒸汽火車頭，替全球交通工具帶來革命。

史蒂芬生這個名字，比任何一位生活在工業革命時代的科學
技術人員都還偉大。因為他改良的蒸汽火車頭，徹底改變了
近代風景和時空概念。

奔馳在鐵道上的火車為何常會被稱為「鐵馬」呢？

因為在工業革命時期，原本是由馬匹在鋪設的鐵路上拉著貨車運輸煤炭或鐵礦。

之後，英國人看到了有如巨大鐵塊的蒸汽火車頭出現，為此驚訝不已，便將它稱為「鐵馬（iron horse）」。

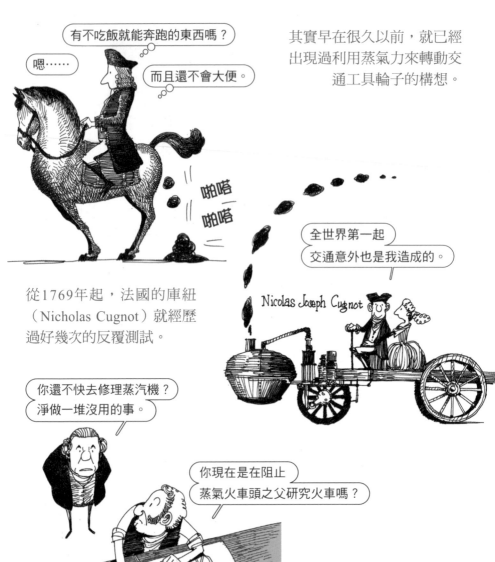

其實早在很久以前，就已經出現過利用蒸氣力來轉動交通工具輪子的構想。

從1769年起，法國的庫紐（Nicholas Cugnot）就經歷過好幾次的反覆測試。

曾擔任瓦特助手的默多克（William Murdock）雖然也試著進行火車的相關研究，卻沒有任何成果。

崔維西克（Richard Trevithick）
推出了第一輛能實際在鐵路上行
駛，非常實用的蒸汽火車頭。

這是我在1804年製造的蒸汽火車頭，
很帥氣吧？它的名字叫
潘尼達倫（Penydarren）。

看起來挺棒的。

Richard
Trevithick

他在改良因重量造成鐵路受損的問題
後，還推出了新的機型。

這比之前的要快上很多。

所以名字叫「Catch Me Who Can」。

命名為「來抓我吧」？

結果跑太快就脫軌了。

從此之後，人們不斷努力著想要將比馬跑得更快、更有效率的蒸汽火車頭放到鐵路上。

Matthew Murray

Salamanca

1812年莫瑞（Matthew Murray）的薩拉曼卡（Salamanca）

1813年海德利（William Hedley）的普芬比利（Puffing Billy）

William Hedley

Puffing Billy

蒸汽泵故障了。

叫喬治過來吧。

同一時期，在英國新堡鄰近煤礦村中出生長大的史蒂芬生也將自己的人生寄託在蒸汽火車上。

雖然他因為家境貧寒無法就學，但他卻未曾對自己的處境感到悲觀。

不能上學，要自學很辛苦吧？

沒關係，如果這樣以後還能出人頭地，就更帥氣了。

喬治修理機器的手藝應該是全英國最棒的。

咚鏘　咚鏘

我敢說他以後一定會成大事。

史蒂芬生負責管理和維修煤礦的機器，同時也早已熟知蒸汽機的驅動原理。

喬治，你最近在幹嘛？

我在研讀過往的研究案例。

那是什麼？

是接下來讓我發光發熱的基礎。

他一直到將近成人時才學會識字。之後便找來許多有關蒸汽火車頭的設計資料，並認真研讀。

這裡最會修理蒸汽閥的人是誰？

還有誰，當然是喬治。

新堡最頂尖的蒸汽機工程師是誰？

還有誰，當然是喬治。

那蒸汽火車頭應該也是喬治做得最棒囉？

還用說嗎？當然是喬治。

你要試著打造看看將煤炭從礦坑送到碼頭的蒸汽火車頭嗎？

交給我就對了。

你能做出好東西嗎？

那當然。

史蒂芬生天生具有的韌性與不斷磨練的實力眾所皆知，因此他在1813年接到了來自基靈沃思（Killingworth）礦場主人的訂單，委託他製造用來運輸煤炭的蒸汽火車。

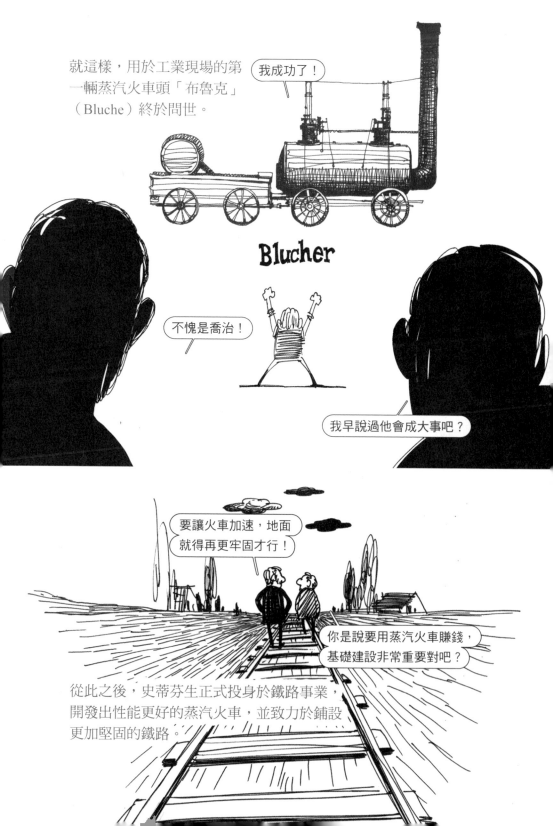

幾年後，英國議會為了要決定連接從斯托克頓到達靈頓的運輸手段而爭吵不休。但史蒂芬生對此做了萬全的準備，他可沒錯過這個找上門來的機會。

這個火車頭可以攜帶6節貨車與28節車廂，以時速20公里行駛。

運輸王

LOCOMOTION

史蒂芬生有一個聰明又正直的兒子，
可以穩固地發展他的事業。

羅伯特，你的志向是什麼？

我就像爸爸一樣頭腦好、直
覺好，還很勤勞對吧？但除
此之外我還需要一樣東西。

什麼東西？

大學畢業證書。

羅伯特，我們公司
接到了從利物浦到曼徹斯特的
鐵路工程。距離可是長達45公里呢。

家業真是日益繁榮呢！

羅伯特在大學主修機械，而
他的工學知識對喬治的火車
頭事業可說是如虎添翼。

為了消除享有壟斷市場
優惠的非議，我提議選用
公認技術最佳的火車頭。

到底是誰得利？

自信滿滿的史蒂芬生父子甚至還
提議要舉辦一場火車競賽。

反正其他人都只是陪襯。

喬治與羅伯特抱著壯士斷腕的覺悟，製作出足以留名運輸史的蒸汽火車頭。

兩人努力的結果就是在1829年問世，具有里程碑意義的蒸汽火車頭——「火箭號」。

緊接著，全世界掀起了一股興建鐵路的熱潮。
蒸汽火車橫跨歐洲，傳到了美國。

史蒂芬生開發蒸汽火車，不僅帶來了運輸工具的革新。

同時也是徹底改變現代人文
化生活的時代標誌。

生活中速度的概念變得不同。

因此還出現標準時間的概念，
每個火車站也都掛上時鐘。

你要去哪裡？

無論是離得再遠，都能
迅速地連結交流。

連結全境的鐵路網，也改變了
人們的溝通想法。

詩人海涅（Heinrich Heine）
甚至還曾使用過「鐵路殺害空
間」的說法。

轟隆轟隆

高鐵怎麼還會發出轟隆轟隆聲？

史蒂芬生所建設的鐵道文化，
不僅是他留下來的遺產，直到
目前為止，在世界各地都確實
地發揮著它的作用。

這不是從車子發出來的，
而是從心裡傳出來的聲音。

04

天才的實驗——雙狹縫實驗

楊格

湯瑪士・楊格 Thomas Young (1773～1829)

英國醫師兼物理學家。雖然原本曾致力於研究波動現象中的
干涉，後來卻透過雙狹縫實驗找出光的干涉原理。

我們之所以能看到物體，是因為有光，然而那光卻蒙上了一層面紗。在那個為了光是粒子還是波動而爭論不休的時代，一位英國天才科學家透過了非常簡單的實驗，證明了自己立足於波動說的主張。

即使到了今日，牛頓這個名字本身就代表著科學。

更別提承襲他知識成果的18世紀歐洲科學界。

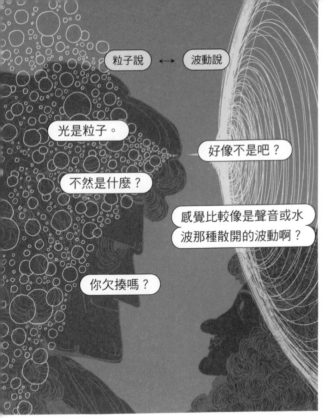

然而，關於光的情況卻有所不同。牛頓認為光是直線前進的粒子。反之，也有一些科學家主張光是波動。

科學家們在觀察和研究光的性質——反射、折射、繞射的過程中，分成兩派不同的意見。

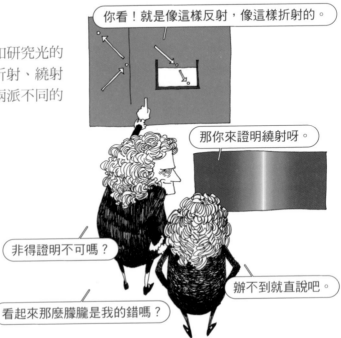

支持波動說的代表學者有笛卡
兒、虎克、惠更斯等人。

這群支持波動說的科學家們，
非常熱中於尋找出可以符合光
的所有性質的證據。

尤其是關於繞射現象，支持波
動說的科學家們提出了更好的
解釋方法。

這些人不是無視證據，就是延遲舉證，尤其是對於自己無法解釋的問題，更採取了迴避的態度。

他一定是為了處理大事，才無法將心思投注在這種小事情上。

牛頓大人解釋不了的現象，都一定有它的原因……

所以我們也不需要費心去解開。

DIFFRATION
繞射現象

在這種一言堂氛圍濃厚的時代，有個年輕天才科學家將石頭投向了這座名為牛頓的巨大堅固城堡，引起了軒然大波，他就是楊格。

有人在嗎？我要丟東西過去囉。

楊格從小就聽人家稱他為神童長大。寡言又不善社交的他，幾乎都是靠著自學來通曉各領域的知識。

聽說他從2歲開始就會識字了。

4歲時已經精通10國語言。

⋯⋯

那是誰家的兒子啊？

有錢人家的兒子。

他也太沉默了吧。

精通10國語言又有什麼用？他根本就不說話。

該不會以後還想解讀埃及象形文字吧。

在大學主修醫學的同時，不僅是科學的各個領域，他甚至還攻讀了語言學、數學等。

你為什麼選擇就讀醫學系？

不想說嗎？

⋯⋯

不會說話嗎？

楊格以水晶體自主調節的相關研究受到科學界的關注。也因此在1794年——他21歲的那年，得到皇家學會的會員資格。

成為醫學博士後，他在1799年用爺爺的遺產開了一家醫院，但比起發揮醫術，他更熱中於進行與醫學並行的自然科學研究。

然後，他開始思考起關於用
眼睛所見和用耳朵所聞的共
同點為何。

你現在認為光也和聲
音一樣是波動對吧？

......

......

......

原來你是認為在波動的交叉
點總是會出現干涉呀。

......

楊格將研究焦點集中於波動現象中
的干涉（interference）。現在讓我
們試著用水波來理解吧？

噗通

噗通

先引發兩個相位
一致的球面波。

當波動相遇時，並不會碰撞彈開，而是會交錯並且繼續擴散。

在這個過程中所出現的現象就是干涉。

但這時相遇的兩個波動，會因相位不同而彼此相長或相消。

若相位相同，振幅就變成兩倍。　若相位相異，振幅就會變為零。

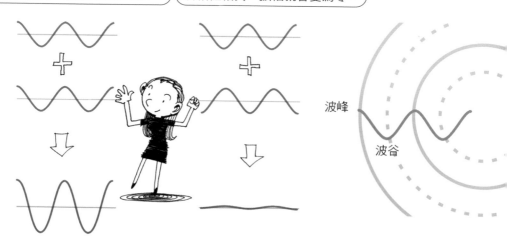

波峰

波谷

楊格找到辦法，可以證明光也會出現這種干涉現象——就是雙狹縫實驗。

若出現干涉，那就會成為可以證明光和聲音、水波一樣都是波動的明確證據。

看來他想到什麼點子了。

來！請看這裡。

他開始說話了。

嚇我一跳！

這是用來觀察光在通過兩個縫隙時，會產生哪一種繞射紋路的實驗。

首先，在通過小縫隙時，應該會出現球面波吧？

縫隙A

縫隙B

接下來在通過縫隙A和B時，波動會彼此交疊。

那在對面會看到什麼樣的影像呢？

*球面波
從某個點開始，朝著四面八方
呈現圓形擴散的波動。

在觀察箱子對面的成像時，竟然令人驚訝地出現了與波動相長、相消、干涉等相同的繞射紋理。

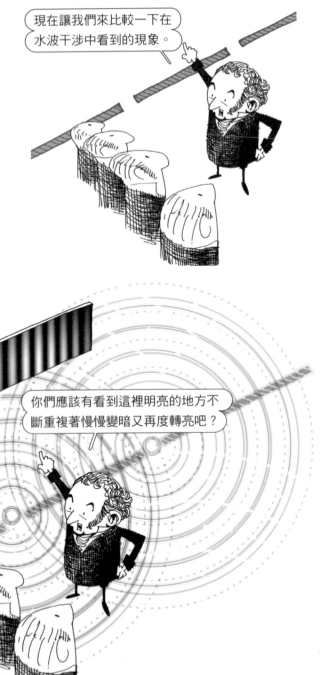

現在讓我們來比較一下在水波干涉中看到的現象。

你們應該有看到這裡明亮的地方不斷重複著慢慢變暗又再度轉亮吧？

1804年，楊格在論文〈物理光學的相關實驗與計算〉中發表了上述內容，但當時卻沒有得到科學界的大力支持，他遇到了大家總是慣性地依賴牛頓教誨的這道高牆。

這麼明顯的證據都擺在眼前了，你們怎麼還能繼續執意說光是粒子呢？

他好激動。

我們會堅持下去。

……

會照著原本相信的那樣下去……

總之，那才是定律。

……

楊格不再將心力耗費在這種消耗性的
爭論上，而是轉往研究其他關心的事
情，就此度過餘生。

他又再度封口了。

你到底是誰？

我是強盜。

我不是說你。

雖然現今已經發現，光同時具有波動
和粒子兩種性質，但楊格的雙狹縫實
驗在針對粒子說提出光還具有其他性
質這點上，是相當具有意義的實驗。
同時也成為帶著光與電子的相關研
究，走向量子力學的優秀先例。

05

解開電學祕密的人
富蘭克林

班傑明・富蘭克林 Benjamin Franklin (1706～1790)

身兼美國政治家、外交官與科學家等多重身分。證明了閃電
與電的放電相同的假說，並主張電具有兩種性質。

從發現電的真面目到使用電力的這段科學旅程中，出現了許多先驅。從古希臘的哲學家泰利斯（Thales）、荷蘭的科學家穆森布羅克（Musschenbroek），到美國的富蘭克林等，他們解開了靜電的秘密，研究閃電的原理，而他們的心血結晶也成為人類正式進入電磁時代的基礎。

松脂經過長時間凝結而形成的琥珀、
閃電、青蛙後腿，這些都和一種現象
息息相關——那就是電。

一閃！

一閃！

什麼？

吱吱吱吱～

快來救青蛙呀！

代表電的英文字
「electricity」又
是從何而來？

古希臘語將琥珀稱
作是「eletron」。

南瓜？

不是你那種南瓜，是這種琥珀。

原本為了拋光而認真擦拭，

喔！都吸過來了耶？

據說在西元前600年左右，當米利都的哲學家泰利斯以毛皮擦拭琥珀時，發現一件非常神奇的事。

原來他發現了靜電呀。

當時的泰利斯當然不會知道那就是靜電現象囉。

老婆，琥珀好像有靈魂耶！

Thales

靜電指的是電荷不會流動，而停留在物體上的電。這是由於電荷暫時不平衡所導致的現象。

在摩擦的過程中，琥珀輕易地從毛皮身上得到電子，因而帶上負電荷，

將帶電的琥珀靠近毛髮、絲綢、紙張等物品時，就會產生極化，而將這些物品吸附至琥珀上面。

帶電是什麼？電荷是什麼？極化又是什麼？

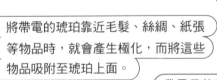

我再對靜電做多一點說明吧。

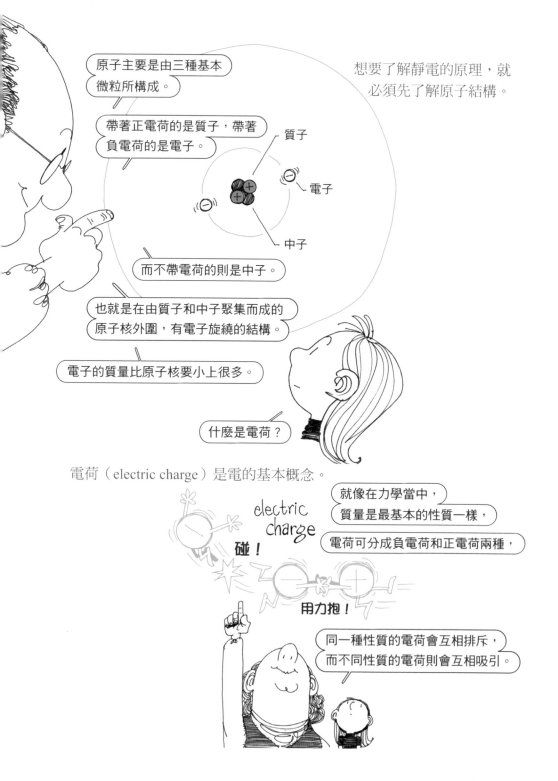

原子主要是由三種基本微粒所構成。

想要了解靜電的原理，就必須先了解原子結構。

帶著正電荷的是質子，帶著負電荷的是電子。

質子

電子

中子

而不帶電荷的則是中子。

也就是在由質子和中子聚集而成的原子核外圍，有電子旋繞的結構。

電子的質量比原子核要小上很多。

什麼是電荷？

電荷（electric charge）是電的基本概念。

electric charge

碰！

用力抱！

就像在力學當中，質量是最基本的性質一樣，

電荷可分成負電荷和正電荷兩種，

同一種性質的電荷會互相排斥，而不同性質的電荷則會互相吸引。

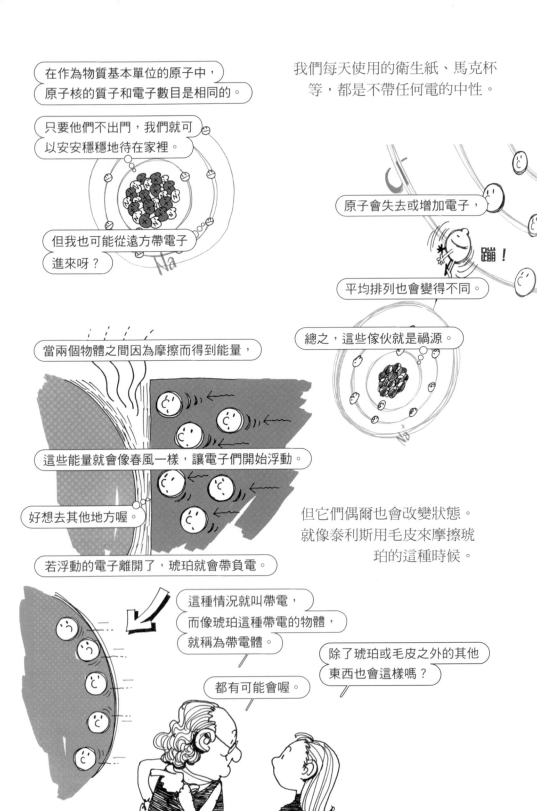

17世紀英國的吉爾伯特
（William Gilbert）對這個
現象進行了更深入的研究。

我試著用了很多東西摩擦，發現
不只有琥珀會產生那種現象。

有那麼多靈魂嗎？

我不是神祕主義者，是一位科學家。
我認為那是一種和磁力相似，
卻又不同的另一種力量。

但也別因此忽視古代哲學家啊。

我認同你的琥珀（electron）
所以將這種現象稱為electricus。

帶電的物體可以引起靜電。

若將帶有負電荷的帶電體靠近其他物品？

其他物品中的電子會
受到驚嚇而跑走。

有時會跑到很遠的地方，
但有時就算想跑也跑不了。

不是說都會跑嗎？

在遇到金屬這種導體或橡膠這種非
導體時，情況會稍微各有不同。

電子 原子核

導體

我們在原子核之間
可說是行雲流水。

雖然金屬這種導體有
很多的自由電子，但
如果是像橡膠這種非
導體，電子會被原子
核給牢牢地抓住。

非導體

我們的原子核太嚴格了，
一點都不肯放手。

所以當帶電體靠近時，非導體的電子必
須千辛萬苦地在原子核嚴格控管之下換
位置，結果就導致物體產生極化。

總而言之，就是在帶電的物
體之間會產生彼此推拉的靜
電力。

靜電力與兩點電荷量乘積成正比，
與距離的平方成反比！

Charles de Coulomb

$$F = k \frac{q_1 q_2}{r^2}$$

F: 靜電力
k: 庫侖常數
q_1, q_2: 電荷量
r: 距離

那個人是誰？

他是庫侖。也就是制
訂庫侖定律的人……

18世紀時，出現了可以收集靜電的方法。也就是名為萊頓瓶（Leiden jar）的瓶子。

這是由在荷蘭的萊頓大學授課的我，穆森布羅克所發明的。

我也發明了！我是克萊斯特。

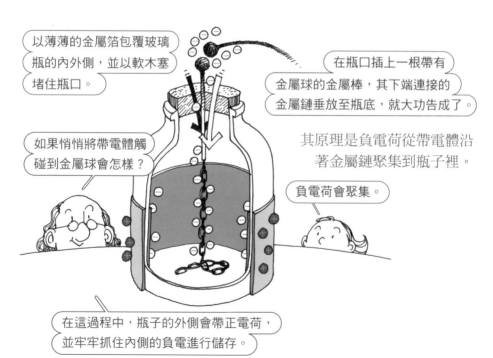

以薄薄的金屬箔包覆玻璃瓶的內外側，並以軟木塞堵住瓶口。

在瓶口插上一根帶有金屬球的金屬棒，其下端連接的金屬鏈垂放至瓶底，就大功告成了。

其原理是負電荷從帶電體沿著金屬鏈聚集到瓶子裡。

如果悄悄將帶電體觸碰到金屬球會怎樣？

負電荷會聚集。

在這過程中，瓶子的外側會帶正電荷，並牢牢抓住內側的負電進行儲存。

萊頓瓶雖然代表最早收集電荷的嘗試，但蓄電池卻在很久之後才被製造出來。

那蓄電池是誰製造的？

是義大利人伏打。

Alessandro Volta

他是個什麼樣的人？

妳要看看我的名片嗎？

他是下一篇的主角。

那這篇的主角是誰？

印刷商、出版商、外交官、發明家、科學家、政治家……一個人有那麼多身分？

富蘭克林。

美元百元紙鈔上的肖像也是我喔。資歷很豐富吧？

也就是我本人。

Benjamin Franklin
author, printer, diplomat, inventor
scientist, politician, postmaster,
civic activist,
statesman,...

那怎麼不說連富蘭克林手帳也是你做的？

曾經有人這麼形容過我。

「他從那些獨裁者手上奪來了主權，從空中奪下了閃電。」

對啊，那款手帳就是以我來命名的喔。

18世紀時，美國的富蘭克林是一位非常特別的人。多才多藝的他也投身加入了科學界。

前句話應該是指對美國獨立做出的貢獻，但那閃電又是怎麼回事？

這正是我對科學做出貢獻的關鍵。

長久以來，閃電對人類來說是一種神祕的自然現象。近代也有人猜測雲層中的可燃性物質可能會引起爆炸。

然而，富蘭克林認為從天而降的閃電其實只是和電有關。他勇敢地向上天挑戰。

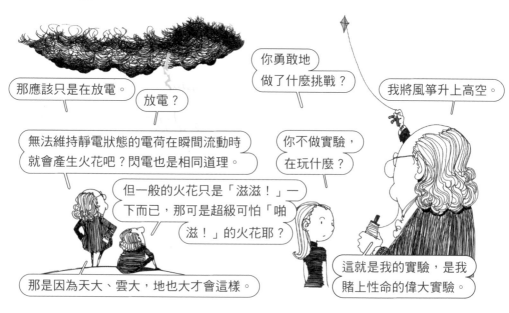

妳看！妳知道往上竄的積雨雲吧？
大氣現在非常不穩定，還伴隨著陣雨。

滋滋滋～

滋滋滋～

如果由小水滴和冰塊構成的雲層彼此
互相碰撞摩擦，會怎麼樣呢？

滋滋滋～

雲層會帶電。

賓果！那瞬間所產生的火花就是閃電。

那打到地上的閃電呢？

那是雲對地閃電，是產生於雲層
和地面之間的靜電感應現象。

閃電是在雲層中，或雲層與
地面之間所產生的一種靜電
現象。

聚集在雲層下方的負電荷。

地面因為帶電的雲層
而產生極化狀態對吧？

看起來非常不穩定呢。

要是電位差越變越大，
大到無法負荷會怎樣？

就會釋放出巨量的電荷。

沒錯。

當雲層帶電後，正電荷會聚集到雲層
高處，負電荷聚集到雲層底部，因此
才會造成與地面之間的電位差。

那又為什麼會有雷聲呢？

夾帶大量電能的閃電，在經過空氣時會造成周圍的溫度瞬間急遽上升，空氣會因此膨脹並產生大幅振動，震撼著我們耳朵的鼓膜，因此才會聽到那麼大的聲響。

長久以來人們畏懼的自然現象，終於被證實了只是像靜電一般的道理。而富蘭克林也確信了物質中的電分為兩種性質。

他所發明的避雷針與雙焦鏡片至今仍廣為所用。

從泰利斯開始經歷了漫長的歲月，一直到富蘭克林才終於揭開電的神秘面紗，展現出它的真面目。在與電相關的研究上，富蘭克林是替後進科學家們帶來靈感的偉大先驅。

接下來要介紹的人是誰？

是發明電池的伏打。

只要用電，就忘不了的名字
伏打

亞歷山卓・伏打 Alessandro Volta（1745～1827）

義大利物理學家。發明了能夠聚集電荷產生電流的電池，對
於後期電學研究帶來許多貢獻。電壓的單位——伏特就是來
自他的名字。

18世紀是一個極為關注電力的時代。甚至連收集靜電的裝置萊頓瓶都被拿來廣泛地使用。並且，受到幾位先驅科學家的信念堅持，迎來了名符其實的電力文明時代。在世紀交替之際，首位回應這波風潮的就是義大利的伏打。

1801年的某天，拿破崙（Napoléon Bonaparte）一下子就迷上了出身於義大利的某位男子。因為他在法蘭西學術院裡展現的某項珍貴實驗，吸引了這位當時的歐洲統治者。

喔喔喔喔!!!!!

怎麼樣？

真該死！

你說我該死嗎？

怎麼可能，是該死的棒。你叫什麼名字？

當天那個得到拿破崙賞賜貴族爵位與法國榮譽軍團勳章的男人，就是伏打。

我叫亞歷山卓·伏打。

連名字都該死的棒！

伏打在拿破崙面前所展現的，是收集電荷以產生電流的裝置實驗。雖然當時已廣泛使用萊頓瓶作為收集電荷的方法，但伏打展現出的卻是屬於另一種境界的裝置。

這叫做「電堆」。

後代的人們應該稱之為「伏打電池」吧？

首先，我的電堆從電流大小就不同了。

而且也不需為了製造帶電體而進行摩擦。

再加上可以長期推動很多電荷，所以能產生穩定的電流。

這是怎麼辦到的？

你看！像這樣反覆將電位不同的東西貼在一起，就能增加電位差了吧？

因為電力會與距離平方成反比。

你知道位能增加代表什麼嗎？那就是每單位小時的電荷流量也會跟著增大。

真難假裝聽懂。

伏打應該是這樣解釋的——自己的發明物所產生的強大電流，是由於巨大電位差所引起。

你有在聽嗎？

倘若拿破崙想聽懂伏打的說明，就必須先理解幾項電學用語的意思才行。

您應該知道電流、電位、電位差、庫侖定律這些東西吧？

我也不知道自己到底是懂還是不懂，不懂的應該還是不懂，你就解釋看看吧。

電流指的就是電荷的流動。

雖然電路中通常會以從＋極往－極來表示正電荷的流動，但實際上移動的卻是電子。

但人們是在那個時代的很久之後才發現電子的，你怎麼會知道這件事？

因為我現在是這篇漫畫的主角呀。

電荷在空間中會產生電場，而電場就會對在其中的其他電荷產生作用力，導致電荷的流動。

假設這裡有一個正電荷，應該就能勾勒出周圍其他正電荷的作用圖吧？

根據電荷在電場中的位置不同，所受到的力量也會跟著不同。

越近就越強，越遠就越弱。

這和磁場好像，它們之間有什麼關係嗎？

這妳之後再去問厄斯特或法拉第吧。

Charles de Coulomb

我因為使用了數學的方式來解開電量與力量之間的關係而成名。

$$F = k \frac{q_1 q_2}{r^2}$$

那股力量就是「靜電力」，抵抗那股力量，推動電荷的話，就會讓電荷的電位能上升。

所以說，單位正電荷的位能就叫電位對吧？

他是法國科學家庫侖。

我知道，庫侖定律。

妳比拿破崙聰明呢。

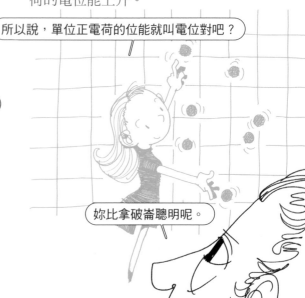

舉例來說，讓我們先想像一下，
有兩個正電荷被放在電場內的兩
個點上。

若想將其中一點的正電荷靠近
另一點，就會因為彼此之間的
斥力而必須用力推才行。

呃～好難接近喔。

妳知道這讓人費勁
的差距叫做什麼嗎？

叫什麼？

每單位電荷的位能差
距，也就是電位差距，
叫做電位差。

換句話說也叫做電壓。而用
來表示電壓的單位就是伏特V。

這代表你的名字是
那股讓電荷流動的力量？

也代表我對電力發展
做出了相應的貢獻。

那麼伏打是怎麼發明出電壓大又持久的電堆，也就是所謂的伏打電池呢？

不像萊頓瓶一樣需要摩擦過的帶電體，電流還可以持續流動，這到底是怎麼辦到的？

這說來話長……

這都是因為某位科學家同事偶然又意外的實驗，才會替他的發明帶來幫助和提示。

必然都是來自於偶然嘛。

當時正值靜電實驗非常流行的
17世紀末。

當義大利波隆納大學的醫學教授賈法尼（Luigi Galvani）在進行解剖時，從青蛙身上得到了某個靈感。他在用金屬手術刀觸碰剛死不久的青蛙後腿，結果發生了痙攣。

賈法尼在經歷一番研究之後，得出了是「動物電」
引起青蛙痙攣的結論。

賈法尼發表的論文，讓當時全歐洲對於電深感興趣的科學家們為之驚動不已。

這篇論文太驚人了！你們看過了嗎？

看過了，據說是義大利人寫的。

這鄉巴佬真走運。

不就因為是鄉巴佬才會去抓青蛙嗎？

那我們也來抓一下。

青蛙何罪之有？

當時擔任帕維亞大學物理學教授的伏打也注意到賈法尼的論文。

我認為那是一篇非常出色的論文。

那你也跑去抓青蛙囉？

但我和其他人可不同。

哪裡不同？

我是抱持著疑問抓的。

還是抓了嘛。

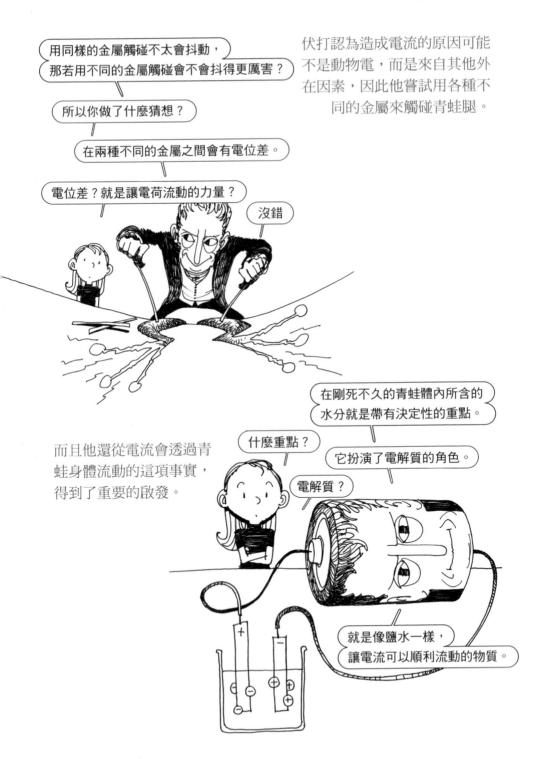

用同樣的金屬觸碰不太會抖動，那若用不同的金屬觸碰會不會抖得更厲害？

所以你做了什麼猜想？

在兩種不同的金屬之間會有電位差。

電位差？就是讓電荷流動的力量？

沒錯

伏打認為造成電流的原因可能不是動物電，而是來自其他外在因素，因此他嘗試用各種不同的金屬來觸碰青蛙腿。

在剛死不久的青蛙體內所含的水分就是帶有決定性的重點。

什麼重點？

它扮演了電解質的角色。

電解質？

而且他還從電流會透過青蛙身體流動的這項事實，得到了重要的啟發。

就是像鹽水一樣，讓電流可以順利流動的物質。

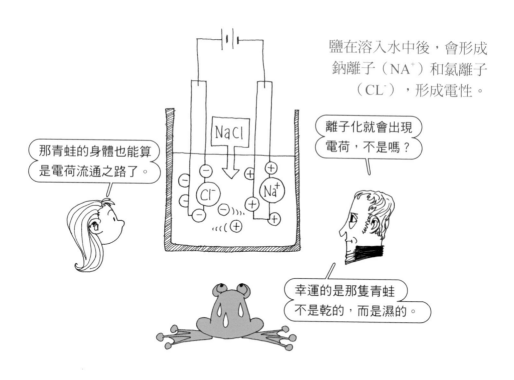

鹽在溶入水中後，會形成鈉離子（NA⁺）和氯離子（CL⁻），形成電性。

離子化就會出現電荷，不是嗎？

那青蛙的身體也能算是電荷流通之路了。

幸運的是那隻青蛙不是乾的，而是濕的。

從1791年開始，伏打就將自己的想像和實驗結果結合起來，開始著手打造這世上絕無僅有的珍貴物品。

首先來挑選兩種不同的金屬吧？

要選擇電位差大的嗎？

所以我選了鋅和銅。

他認為若是將金屬板層層疊起，就能增加電位差，這樣的想法完全正確。

你還真聰明耶？

這不算什麼。金屬板越多，電流就會變得越大。

接下來就像馬克思曾經說過的「質由量決定」。

但我看這好像是以量決定量耶？

Karl Marx

然後他在這些金屬板之間夾著浸泡過鹽水的薄紙板。

來，妳看！鋅、紙板、銅、鋅、紙板、銅……

若將紙板弄濕，就不是乾電池，而是濕電池了呀？

沒錯，乾電池據說是之後由某人發明的。

誰？

好像是法國那個叫勒克朗舍的吧？

Georges Leclanché

Zn Cu

他在1799年得到了非常成功
的結果。

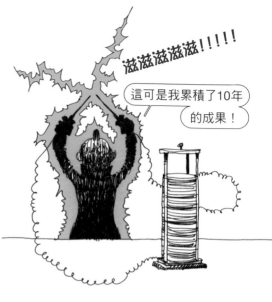

滋滋滋滋滋！！！！！

這可是我累積了10年
的成果！

你看過這個了嗎？據說
有人做出可以自動產生電的機器。

嚇！是誰？

義大利人。

又是鄉巴佬？

這下子可要掀起一股旋風囉。

1800年，他將自己製作電池的相關
報告寄到英國皇家學會。

好！請不要嚇到喔。

我剛才已經在漫畫的開頭被嚇過，現在不會再嚇到了。

但這火花可是能融化鐵的耶？

光用聽的就很嚇人。

最後法國的拿破崙在聽到這個
消息後，便於1801年邀請伏打
現身示範。

伏打不僅在法國，在倫巴底王國也
獲頒了伯爵爵位，還被推舉為上議
院議員。然而他的晚年對政治漠不
關心，只一心投入於科學當中。

那個，伯爵議員大人。

別那麼叫我。

那我該如何稱呼您？

叫我伏打就好。

1881年英國電機工
程師學會*決定採用
「伏特」作為電壓的
單位。

*英國電機工程師學會
縮寫為IEE，為國際電機工
業委員會（IEC）的前身。

07

喔！法拉第

法拉第 1

麥可・法拉第 Michael Faraday (1791～1867)

英國化學家與物理學家。透過進行電磁感應實驗、發現苯等氣體、進行電解實驗等擺脫常規思維的實驗，創下多項研究成果。

伽利略、牛頓、愛因斯坦，在科學史上留名的偉人可說是不勝枚舉。但還能在哪裡找到像法拉第這麼美麗的科學家呢？他對電磁學帶來極大貢獻，總是保持謙虛、遠離物質錢財，並將替年輕學子們樹立夢想視為深具意義的事。

發電指的是製造電力，發電廠
指的就是製造電力的地方。

水力、火力、風力、核能發電廠，都是
以不同的方式來旋轉磁鐵製造出電力。

磁性和電力是互補的。不須電池，
僅憑著磁場也能產生電流，這就叫
做電磁感應。

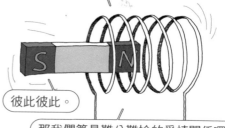

使用電磁感應發電的方法，是來自英國某位科學家想像出的逆向思維。他是電磁學的偉大先驅，也是深受英國人喜愛，僅次於牛頓的科學家——法拉第。

他在世時對於電學的貢獻深受認同，因此得到了科學界與英國政府的稱讚表揚與各種提議，但他全數婉拒。一直到他去世前都奉獻於科學，過著簡樸的生活。

在他小時候，全家人必須靠著一塊麵包苦撐一星期。

週一、週二、週三、週四、週五、週六、週日。

先分成七塊……

法拉第，你不去上學嗎？

我去不了，我還得去其他地方才行。

去哪裡？

賺錢。

生為一個貧窮鐵匠之子，他在兒時每天都過得非常辛苦。而這也看似與成為科學家的命運相差甚遠。

你說你不去上學，想要在這裡工作？

我剛好學完讀、寫、算術就中斷學業了。

若要說是有股莫名力量在引導法拉第成為科學家，那就是他當時為了賺錢而工作的書本裝訂廠了吧。

正好學得足以工作呢。

麥克，你工作不累嗎？

累呀。

那你怎麼看起來好像很享受？

因為可以免費看所有的書，而且都還是新書耶。

雖然在偉人傳記中，多將他個人的這些經歷描繪得像是命運一般，但對他來說，書本裝訂廠的工作確實與眾不同。

每讀一本書，感覺夢想又變得更大了些。

已經做了一整天書，還不肯放下？你不嫌膩嗎？

尤其是那些有關科學的書，是讓他足以用熱情掩蓋艱辛困境的珍貴寶物。

你的夢想一直膨脹，哪天脹破了怎麼辦？

雖然所學不多，法拉第從那些簡單的書開始，看過一遍又一遍。

《大英百科全書》帶領我走向全新的世界。

瑪西夫人（Jane Marcet）所寫的科學入門書《化學對話》還真是平易近人。

這時，彷彿命運般的機會找上門來。

有人說雖然我沒上學，但感覺非常積極地想要學習，所以送我這個。

那是什麼？

演講門票。

在那之中最受歡迎的講師就是
長得英俊非凡的科學家戴維
（Humphry Davy）。

戴維是受封爵位的名門望族，
也是一位傑出的化學家。

法拉第總是非常認真地聽戴
維講課，並整理上課所抄的
筆記。

隨著對於科學的夢想越來
越大，他最後甚至還寫信
去給科學家組織的首腦。

然而他得到的只是冷淡的反應。

沒回覆！

夢想終於膨脹到破滅啦？

法拉第沒有因此放棄，這一次他決定寫信給戴維。終於，他的夢想、努力、熱情以及多達386頁的課堂筆記，打動了戴維的心。

既然夢想都破滅了，那就走一步算一步吧。

還要寫？

這次我會附上聽課時，認真整理的筆記副本。

怎麼樣？是可用的人才吧？

如果不用他，感覺他還會一直不斷寫信來。

一接到戴維的邀約，法拉第就立刻頭也不回地奔向了科學界。

我找到工作了！

你不早在這裡工作了嗎？

我找到皇家研究院的工作了。

薪水給得比這裡多嗎？

就算只能勉強餬口，我還是要去。

雖然是因為正好我的眼睛受傷需要人手，實驗室的助手又突然被開除才會叫你過來。但如果你以後出名了，別忘了說我是發掘你的恩人喔。

您已經是我的大恩人了。

雖然他只是平實地從實驗室助手開始做起，但自從那天起，皇家研究院就成為他工作的地方、他的學校和他的家。

以助手身分陪同戴維前往地質探勘兼歐洲大陸之旅，對他而言是一次
無比寶貴的經驗。

我在巴黎聽了發現氣體反應定律 的給呂薩克演講，

還在義大利帕維亞見到那個製作伏打電池的伏特。

Joseph Gay Lussac

Alessandro Volta

有這麼開心嗎？

氣體反應定律
在溫度和壓力固定的情
況下，氣體會以簡單體
積比例進行反應。並且
生成的任一氣體產物，
也與反應氣體的體積成
簡單整數比。

我開心到快瘋了。

法拉第透過無數次反覆的實驗和研究來累積科學知識。就在他發表過
幾次論文後，科學界開始注意到他的存在。

1816年發表關於苛性石灰的論文

1820年發現氯和碳的新化合物

1823年研究氣體液化

1825年發現丁烯和乙烯異構物

1825年發現苯

你們聽過法拉第嗎？他還挺厲害的耶？

聽說他連學校都沒上完呢。

接著在1824年，他終於夢
想成真，成為皇家學會的
會員。

但這只是個開始。因為他日後
還留下了讓他足以名留青史的
「法拉第定律」。

若要提到法拉第定律，就必須先從丹麥科學家——厄斯特（Hans Christian Ørsted）的發現開始講起。

該說是我開啟了電磁學的大門嗎？

Hans Christian Ørsted

他發現了什麼？

據說他在電與磁之間架起一座橋樑。

磁鐵創造出磁場。

電荷創造出電場。

你們就只知道拿著磁鐵玩。

總比成天在那裡接電的你們好吧？

18世紀以來，科學家們一直認為磁場和電場發生的是完全不同的兩回事。即使到了19世紀，也找不到在兩者之間有任何確實的關聯性。

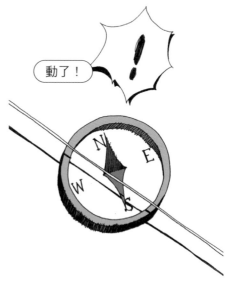

動了！

然而就在1820年的某天，正在哥本哈根大學進行電流相關研究的厄斯特目擊了令人震驚的景象。

他偶然置於電流流動導線附近的指南針竟然動了。

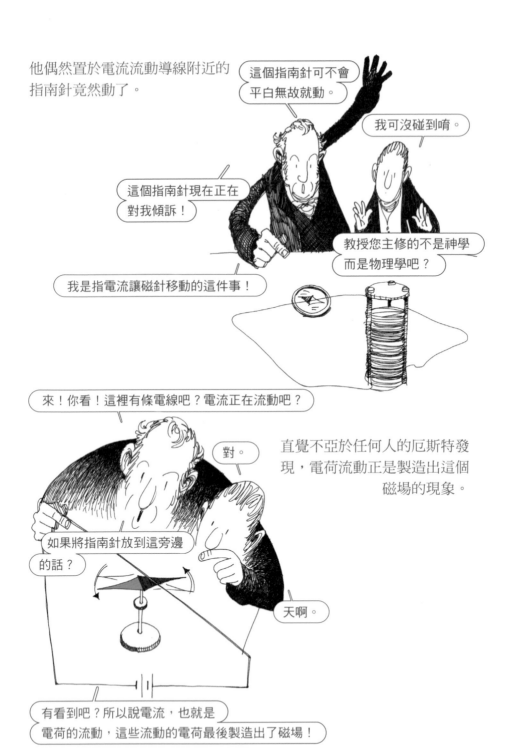

直覺不亞於任何人的厄斯特發現，電荷流動正是製造出這個磁場的現象。

厄斯特的發現很快地鼓舞了全歐洲的科學家。

此後，科學家們開始致力於研究電場和磁場的關聯性。

就這麼過了10個年頭。法拉第發揮
他那劃時代又超群的直覺的時刻即
將就要到來。

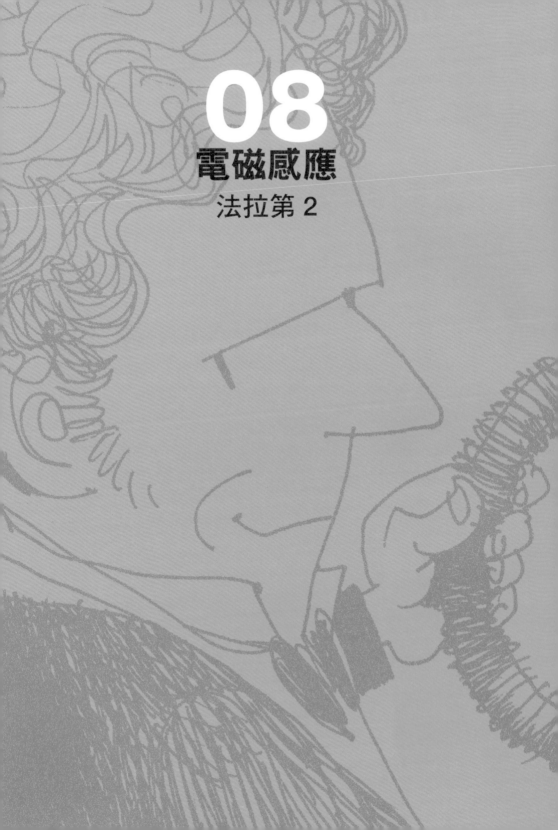

08
電磁感應
法拉第 2

自從厄斯特的研究成果，展現磁場與電場並不是分離的單獨領域後，全歐洲數一數二的科學家們都熱中於研究此一現象。法拉第靠著出色的直覺和與眾不同的洞察力，加上他不畏疲憊所完成的實驗，就此敞開電磁學時代的大門。

如果說牛頓時代的主題是質量，那我們這時代的主角又是誰？

電荷！

若要說17世紀是力學的時代，那18世紀就是電學的時代了。隨著對於靜電的好奇逐漸解開，科學家們還發現電荷的流向，並整理出電荷與力之間的關係定律。

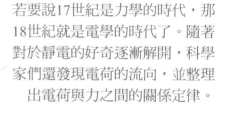

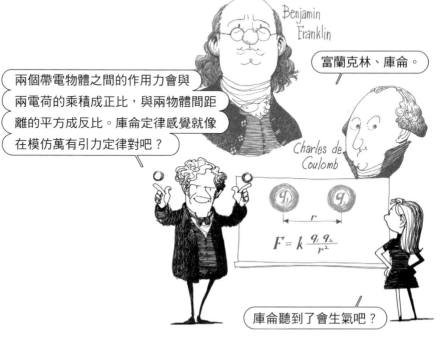

Benjamin Franklin

富蘭克林、庫侖。

兩個帶電物體之間的作用力會與兩電荷的乘積成正比，與兩物體間距離的平方成反比。庫侖定律感覺就像在模仿萬有引力定律對吧？

Charles de Coulomb

$$F = k\frac{q_1 q_2}{r^2}$$

庫侖聽到了會生氣吧？

這種科學界動向一直持續到
19世紀，直到1820年厄斯特
的發現，才因此誕生了電磁
學的概念。他揭開了電荷的
流動，也就是電流會導致磁
場產生的這項事實。

我原本還以為電和磁場是兩回事，結果卻並非如此。

Hans Christian Ørsted

聽說厄斯特用電流讓磁針動了！

他是怎麼辦到的？

聽說是他沒有先將桌面整理乾淨，而那個指南針恰巧就放在電流實驗的導線旁邊。

受到厄斯特發現的現象鼓舞，
法國科學家安培（André-Marie
Ampère）也總結出自己發現的
定律。

妳將右手大拇指豎起來看看。

要幹嘛？

André-Marie Ampère

他提出當電流在流動時，會產生以導線為中心的同心圓狀磁場，而磁針會隨著切線方向移動的定律。

四根手指彎曲的方向就是磁場的方向。

這要說是科學上的發現似乎有點太過單純吧？

那若解釋成被電流環繞的磁場封閉曲線的切線方向積分值，與貫穿封閉曲線的總電流相等，聽起來會比較有科學性嗎？

夠了。

安培還發現了在電流平行流動的兩條導線之間，會產生引力與斥力的這項事實。

若電流方向相同就會互相吸引，反之就會互相推斥。

該不會像磁鐵一樣吧？

妳實驗看看。

那麼，若將導線彎成圓形，磁場的形狀又會變成怎麼樣？

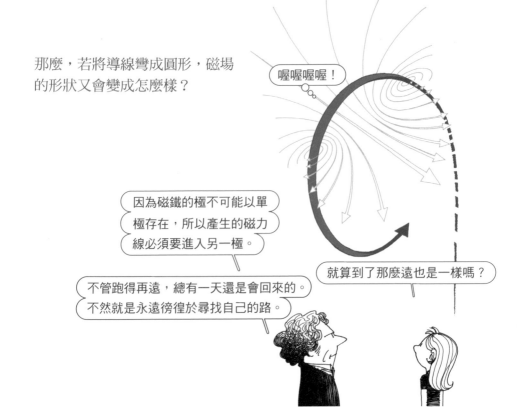

那如果現在再多繞幾圈導線，將它做成線圈呢？

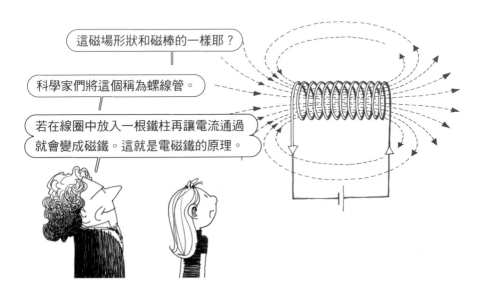

就這樣，確認電流與磁場關係的科學家們紛紛開始加緊腳步，進行更具有劃時代意義的研究。

法拉第將這一切都看在眼裡。

法拉第和其他科學家的不同之處，在於他不像其他受過正規教育的科學家，會依照慣性思考。

所以我才不會被科學思維的規則束縛。

什麼是科學思維的規則？

不准憑空想像沒學過的東西。

這麼說來，磁鐵可以變成電池？

電池是靠化學反應產生出電流。
我想像出來的則是發電機原理。

在法拉第於1822年使用的筆記本上寫著「磁性會變成電」。

法拉第的想法與厄斯特的發現可說是完全對應。他認為可以用磁鐵製造出電流，因此下定決心要試著進行自己專屬的實驗。

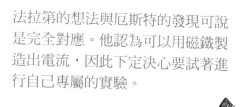

若磁鐵製造出電流，它就會隨著電流產生磁場，磁場會再次誘發電流，接著再以那個電流製造出磁場，那個磁場就會引發感應電流……

首先，要製造出沒有電動勢*的迴路，再試著移動磁鐵，並在迴路上連接可以感知電流的電流驗測器。

這是漫畫，所以就畫上燈泡來代替驗測器吧？

又沒有電池，要怎麼產生電流呀？

那就得用其他東西來代替電池呀。

*電動勢
使兩點間產生電位差，並讓電流流動的力量。

雖然當磁鐵停留在導線四周時沒有任何反應，但只要一移動磁鐵，磁場的變化就產生了電流，法拉第的這個實驗結果震驚了整個世界。

產生電流了！

法拉第在某次實驗中，還發現了將磁鐵推入線圈和取出時，電流的方向會因此改變的事實。

磁鐵靜止時不會產生電流。

若移動磁鐵的速度加快，就能產生更多電流。

多繞幾圈線圈也會產生更多電流。

這項實驗結果為德國科學家冷次帶來了靈感。

冷次意識到電流朝著抗拒磁通量變化的方向流動。

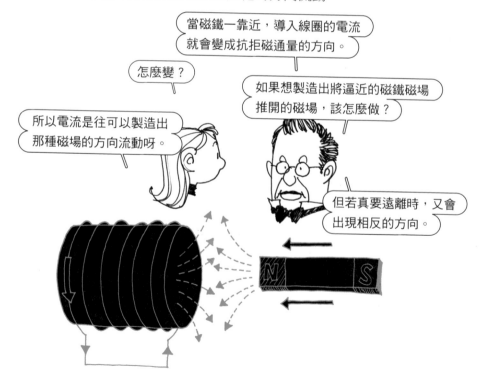

1834年，他所發表的「冷次定律」應該可說是電磁學界的慣性定律吧？

別過來！別過來

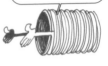
別走！別走！

要靠近時就拼命抗拒，要遠離時又想緊抓不放，電磁學還真是……欲擒故縱呢？

因為自然不喜歡激烈的變化嘛。

讓磁鐵運動就會產生電流，那就以這個動能來發電吧！

法拉第將磁場變化引向產生電流的電磁感應實驗，就成為今天的發電原理。

在長得像這樣的永久磁鐵裡轉動線圈就是產生感應電流的方式。

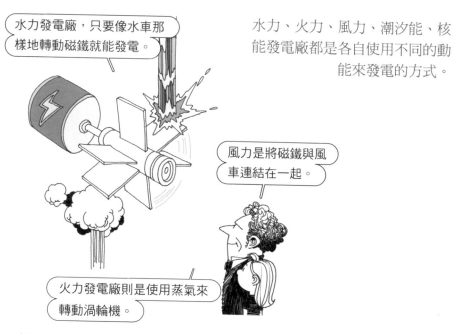

水力、火力、風力、潮汐能、核能發電廠都是各自使用不同的動能來發電的方式。

水力發電廠，只要像水車那樣地轉動磁鐵就能發電。

風力是將磁鐵與風車連結在一起。

火力發電廠則是使用蒸氣來轉動渦輪機。

法拉第還進行了將電能轉換為動能的實驗。電流所產生的電磁場與磁鐵的磁場交互作用，讓電線旋轉了起來。

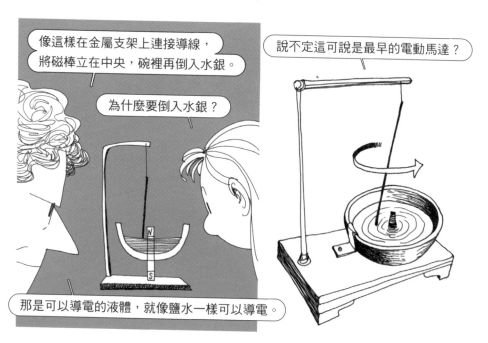

像這樣在金屬支架上連接導線，將磁棒立在中央，碗裡再倒入水銀。

為什麼要倒入水銀？

說不定這可說是最早的電動馬達？

那是可以導電的液體，就像鹽水一樣可以導電。

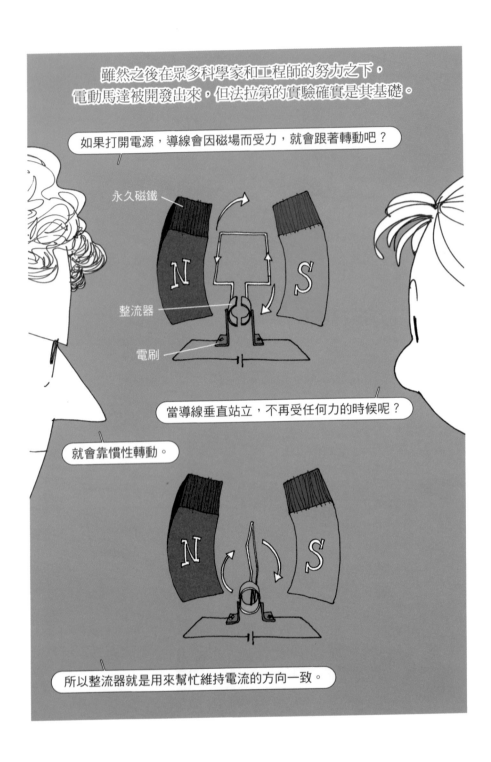

雖然之後在眾多科學家和工程師的努力之下，
電動馬達被開發出來，但法拉第的實驗確實是其基礎。

如果打開電源，導線會因磁場而受力，就會跟著轉動吧？

永久磁鐵

整流器

電刷

當導線垂直站立，不再受任何力的時候呢？

就會靠慣性轉動。

所以整流器就是用來幫忙維持電流的方向一致。

接著他還進行了以電流製造的磁場來引導電流的電磁感應實驗。若不停重複著供應和切掉其中一端導線的電流，會發生什麼事？

請稱這個為法拉第鐵圈。

我將兩條電線依一定的間隔纏繞在鐵圈上。

重複著產生電流和停止電流？磁場就會出現變化？

沒錯，磁場的變化會重新在對向的導線製造出電流吧？

就像是移動磁鐵會產生電流那樣？

但隨著導線的纏繞圈數不同，感應電流的強度也會跟著出現差異。

這個原理被廣泛地應用在變壓器等的當今電子技術中。

法拉第的實驗還真是沒有派不上用場的耶。

法拉第在交出包含電磁感應等許多實驗研究成果後，
開始變得聲名大噪。

就連在皇家研究院針對一般民眾開設的講座上，
聽眾也被他的演講深深吸引。

雖然他也遇上與戴維關係變得疏遠等波折。

到了晚年，戴維則是對法拉第充滿關愛，並且對他讚不絕口。

法拉第希望自己可以成為一位平凡的科學家，而非一輩子過著養尊處優的生活。他為了在聖誕節為百姓和孩子們舉辦免費演講而竭盡心力。他將1860年人生中的最後一場演講，於1861年集結成《蠟燭的化學史》一書出版，這也成為那些夢想踏入科學大門的孩子們的希望之光。

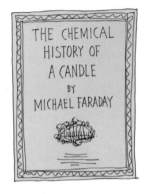

在英鎊紙鈔上還描繪著那天溫馨而熱烈的聖誕節演講場景呢。

09

照亮黑暗的燈泡

愛迪生

湯瑪斯・愛迪生 Thomas Edison (1847～1931)

美國發明家。取得了白熾燈專利。為了尋找可以製造出高效
能燈泡的適合燈絲，反覆進行了無數次的實驗。是全世界留
下最多發明的人。

我們小時候曾經相信是由美國發明家──愛迪生第一個發明出燈泡，照亮了原本黑暗的夜晚。但早在愛迪生的白熾燈技術實用化之前，科學家們就早已研究並製造出好幾種不同的電子照明。

我們經常一提起電，就會想到燈泡。因為它比蠟燭或煤油燈更具有方便照亮黑暗的視覺效果。

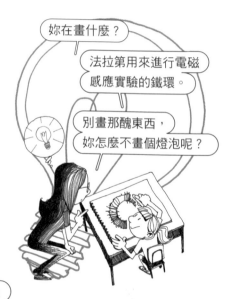

妳在畫什麼？

法拉第用來進行電磁感應實驗的鐵環。

別畫那醜東西，妳怎麼不畫個燈泡呢？

使用交流發電機的圖案來代替燈泡作為創意浮現時的圖示如何？

那種想法會被深深地埋在直覺世界的地底下。

燈泡會發光，最具代表性的兩個原理就是放電和電阻。

所以這代表閃電和燈泡是相同原理囉？

沒錯，閃電也屬於放電。

那可以用閃電來當作燈泡的商標呢。

先讓我們來看一下放電和電容器的原理吧？

若要發生閃電，雲層和大氣都必須帶電才行。若要產生靜電，就必須靠摩擦讓物體帶電才行。

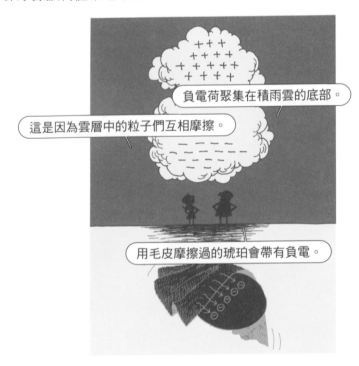

科學家們還發現了人為收集電荷並進行儲存的方法。隨著電池的發明，透過電流製造帶電體變得更加容易。

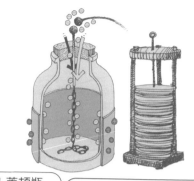

啊！萊頓瓶。

伏打電池也是一種使用化學方法來收集電荷的方式。

讓兩個導體彼此相對，中間填入絕緣體。

接著把電線接到電池上，通電後就會怎樣？

原來負電荷會聚集到一邊，正電荷會聚集到另一邊呀！

絕緣體

導體

導體

當充分聚集後將電流切斷，電荷就會以那樣的狀態留置。

這種東西就叫做電容器。電路符號就像這樣標示。

我知道了！原來相機的閃光也是一種電容器！

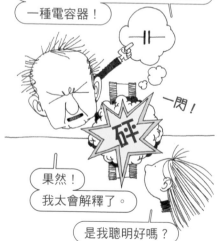

一閃！

碎

果然！

我太會解釋了。

是我聰明好嗎？

首度使用這個原理做出人工照明的就是戴維。他將連接電池的導線連接到碳精棒，等到短路之後再輕輕放下。

就是出現在法拉第篇的那個戴維嗎？

對。戴維發現了可以用化學反應發電的事實，以及使用電池的電荷來分解化合物的電解。

我還以為他只發現了法拉第呢！

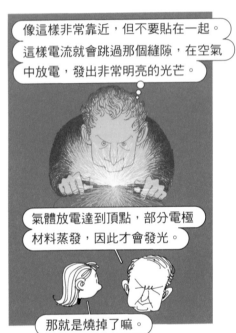

像這樣非常靠近，但不要貼在一起。這樣電流就會跳過那個縫隙，在空氣中放電，發出非常明亮的光芒。

氣體放電達到頂點，部分電極材料蒸發，因此才會發光。

那就是燒掉了嘛。

戴維直覺地認為可以利用這個現象做出電氣照明，便將它罩上玻璃蓋，發明出弧光燈。

當時放電出來的光線呈現出半圓弧狀，才會叫做弧光燈。

那為何不將放電名稱也叫弧光放電就好？

我是那麼叫的。

然而若要做為家用照明，
弧光燈有個致命的缺點。

弧光燈的碳馬上就燒掉了，所以需要不斷更換電極。而且發出的光線也過於刺眼。

所以就不使用它了嗎？

還是有用在廣場的路燈或燈塔上。

曾為燈泡代名詞的白熾燈，原理與放電不同，它使用了電流的另一種性質——電阻。電阻就是讓電流無法順利通過的狀態。

喂！前面的不快走在幹嘛？

路被堵住了。

電荷的流動出了問題？
就像是管路堵塞一樣？

現在就算我不解釋妳也能懂呢。

就說我很聰明啦！

像堵塞的管路一樣，不通順的導線狀態會妨礙電流。

電阻和導線的長度成正比，和截面成反比。根據導線的性質不同，電阻率也會有所差異。

當電流在通過電阻大的導線時，會發生什麼事情呢？

白熾燈正是利用了這點。

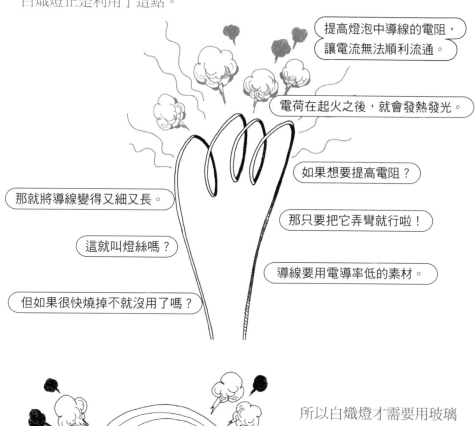

提高燈泡中導線的電阻，讓電流無法順利流通。

電荷在起火之後，就會發熱發光。

如果想要提高電阻？

那就將導線變得又細又長。

那只要把它弄彎就行啦！

這就叫燈絲嗎？

導線要用電導率低的素材。

但如果很快燒掉不就沒用了嗎？

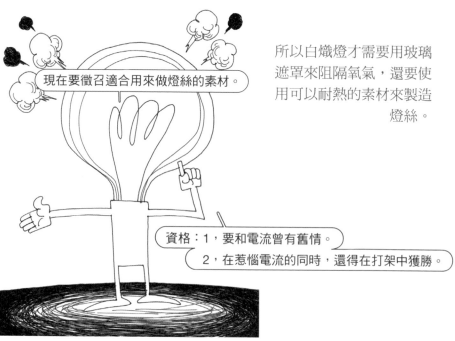

現在要徵召適合用來做燈絲的素材。

所以白熾燈才需要用玻璃遮罩來阻隔氧氣，還要使用可以耐熱的素材來製造燈絲。

資格：1，要和電流曾有舊情。
2，在惹惱電流的同時，還得在打架中獲勝。

了解到電阻潛力的各國科學家與發明家們，紛紛出面試著開發白熾燈。

伍德沃德
Henry Woodward

索耶
William Sawyer

Heinrich Göbel
戈培爾

1879年2月，英國的斯旺（Joseph Wilson Swan）首度推出較有用的白熾燈。

我用了碳來當燈絲。

並在玻璃球中放了一些可以降低壓力的惰性氣體。

怎麼樣？看起來很像燈泡吧？

而且他還很固執。

以前要是沒有人阻止他，說不定就能孵出小雞了？

但美國的發明家愛迪生是個不願服輸的偉人。

能用的我幾乎都試過了，這個最好。

這是什麼？

是用日本竹子燒成的炭做成的碳燈絲。

為什麼要用日本的？

就碰巧用到日本製的。

為了找出適合做成燈絲的材料，愛迪生分別用了超過上千種不同物質來進行實驗。

之後他為了將自己發明的燈泡實用化，便投身進入整個電力產業。

既然都開發出開關、保險絲、測量儀器等周邊產品了，那就順便再做個發電廠事業好了。

為什麼要做這些東西？

對我來說，還有比名聲更重要的東西。

是什麼？

既然都發明出來了，就得靠它賺大錢啊。

接著在1906年，德國公司歐司朗（OSRAM）開發出可以耐熱至2,000℃的燈絲。

老闆，
德國那裡開發出用鎢做的燈絲。

什麼是鎢？

化學符號W，原子序74。
熔點非常高、非常堅固，
又能拉長，正好適合拿來做燈絲。

白熾燈雖然有很長一段時間都被用於實際生活中，但它卻是能源效率幾近為零的照明燈。

大多的電能都用在發熱，
用在發光上的只有不到一成。

這應該比較像是電暖器而非照明工具吧？

好冷，開個電暖器吧。

這裡哪有電暖器啊？

那不就是電暖器嗎？

一直到1938年才製造出不會發燙，又能發出明亮光線的電燈。

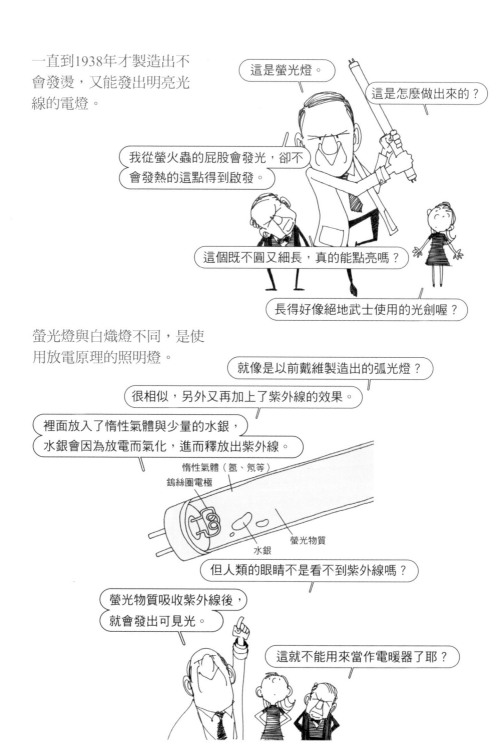

這是螢光燈。

這是怎麼做出來的？

我從螢火蟲的屁股會發光，卻不會發熱的這點得到啟發。

這個既不圓又細長，真的能點亮嗎？

長得好像絕地武士使用的光劍喔？

螢光燈與白熾燈不同，是使用放電原理的照明燈。

就像是以前戴維製造出的弧光燈？

很相似，另外又再加上了紫外線的效果。

裡面放入了惰性氣體與少量的水銀，水銀會因為放電而氣化，進而釋放出紫外線。

惰性氣體（氬、氖等）

鎢絲圈電極

水銀

螢光物質

但人類的眼睛不是看不到紫外線嗎？

螢光物質吸收紫外線後，就會發出可見光。

這就不能用來當作電暖器了耶？

到了今天，科學家與工程師們都還在為了開發出能源效率更高的燈泡而不斷努力。

LED來囉！

10

電磁學的完成

馬克士威

詹姆斯・克拉克・馬克士威 James Clerk Maxwell (1831～1879)

英國數學家和理論物理學家。用馬克士威方程式表現光的本質，進而成為相對論與量子論的基礎。

據說在愛因斯坦研究室的牆上，掛著三位人物的肖像畫。分別是牛頓、法拉第和馬克士威。馬克士威是將電磁學集大成的科學家，愛因斯坦曾說，狹義相對論欠馬克士威方程式一個人情，並對他讚不絕口。

1861年，有兩位科學家在英國倫敦的某間咖啡館裡碰面。

其中一人是已經因電磁感應等多項研究成果而聲名大噪的法拉第，另一人則是理論物理學家——馬克士威。馬克士威在當天的演講上展現了全世界第一張彩色照片。等演講一結束，他就立刻和法拉第碰面。

雖然兩人都是曠世奇才，但年齡卻相差了40歲，因此思維方式也完全不同。

法拉第是一位不斷透過實驗來探究自己直覺和想像的「實驗狂」。反之，馬克士威則是以數學來看待世界和思考的「數學天才」。

你聽過我之前做過磁場會造成偏光變化的實驗嗎？

我拜讀過那篇論文。

雖然我知道會是那樣，不過我很謙虛，所以才想要問問。

當天兩人可能就偏光面會旋轉的「磁光效應」分享彼此的意見。磁光效應是法拉第在1845年實驗光和磁的關係時意外發現的效應。

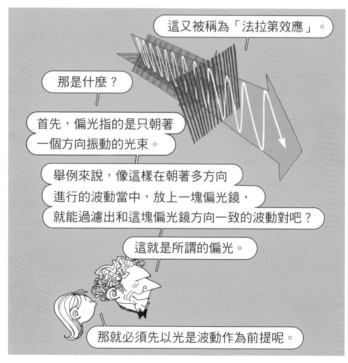

這又被稱為「法拉第效應」。

那是什麼？

首先，偏光指的是只朝著一個方向振動的光束。

舉例來說，像這樣在朝著多方向進行的波動當中，放上一塊偏光鏡，就能過濾出和這塊偏光鏡方向一致的波動對吧？

這就是所謂的偏光。

那就必須先以光是波動作為前提呢。

法拉第讓偏光通過強力的磁場，並試著轉動磁場。

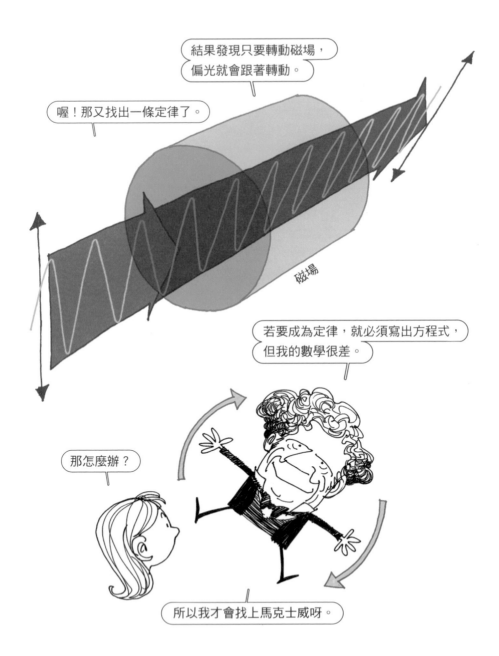

不僅是磁光效應，馬克士威還接手了法拉第畢生累積的所有研究資料。

請你幫我用數學證明這一切。

當我完成方程式，就會像牛頓繼伽利略成為古典物理學之父一樣，成為電磁學之父吧。

我很謙虛，不敢說自己是伽利略。

我在14歲時就已經寫出如何使用針線畫出橢圓的論文。

你父親應該嚇了一跳吧。

我父親的朋友比他還更吃驚。有位名叫福布斯的愛丁堡大學教授還將我的論文帶去皇家學會發表。

在當代再也找不到能如此符合法拉第心願的第二人選了。

這是一個14歲小孩寫出來的，很棒吧？

James Forbes

希望你未來能找到一份能好好
發揮你那出色數學實力的工作。

什麼工作？

我希望你能成為一位數學很好的法律人士。

馬克士威的父親是一位
非常富有的地主，也是
法律人士。他對聰明的
兒子充滿期待。

你知道你兒子是個什麼樣的人嗎？
他可會成為下一個科學界的巨星。

你怎麼知道他會不會成功？

這小子上次不是寫了論文嗎？我拿
去皇家學會發表，引起軒然大波。
這樣你還不懂？

然而福布斯教授非常確信馬克
士威具有科學潛力，而出面積
極說服他的父親。

如果這小子投身科學界，那這世界很快
又要出現一位牛頓了。你知道牛頓吧？

在劍橋大學就讀三一學院的馬克士威，果然在數學和科學領域上都嶄露了頭角。

我在1858年發表了一篇有關土星環是由大量粒子所構成的論文。

你用望遠鏡看到的嗎？

不是，我只是用數學算一算，發現必須是那樣才行。

你又沒去過，怎麼能那麼肯定？

以後就會有航海家1號去確認了。

我在1856年已經寫過一篇〈論法拉第力線〉的論文。預計在1861年到1862年間會寫一篇分為四個部分的〈論物理力線〉論文。

雖然馬克士威研究過氣體力學、熱力學等各種不同主題，但對他而言最重要的課題就是光和電磁學。

那個力線是我為了解釋電磁現象所寫的概念，是用來填補磁鐵和電流周遭空間的虛擬線。

大家都知道，你又何必再提？

我只是在對空氣說話。還是趕快喝咖啡吧。

他開始著手將法拉第實驗結果等當時所有已知的電磁學理論，推上鞏固的數學之城。

「馬克士威方程式」是僅次於牛頓運動定律，非常易懂的方程式，也是將電磁學集大成，非常具有歷史性的計畫。

1865年，他具有里程碑意義的論文〈電磁場的動力學理論〉終於問世，接著又在1873年，發表了被載入科學史的名著——《電磁通論》，震驚了整個科學界。

都整理好了！

這麼快？

我對微積分也很在行嘛。

這八個方程式蘊含了全世界的道理呢。

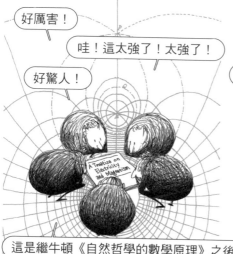

好厲害！

哇！這太強了！太強了！

好驚人！

這是繼牛頓《自然哲學的數學原理》之後最棒的名著了！

馬克士威綜合電和磁力現象整理出來的一系列方程式，後來被英國物理學家黑維塞精簡成四個。

第一個是高斯定律，

第二個是法拉第感應定律，

第三個是高斯磁定律，

Oliver Heaviside

$$\nabla \cdot E = \frac{\rho}{\varepsilon_0}$$

$$\nabla \cdot B = 0$$

$$\nabla \times E = -\frac{\partial B}{\partial t}$$

$$\nabla \times B = \mu_0 J + \mu_0 \varepsilon_0 \frac{\partial E}{\partial t}$$

第四個是馬克士威－安培定律。

第一個方程式——高斯定律，規定電場是如何由電荷生成。

電場(E)始於正電荷，終止於負電荷。

這個既是高斯定律，也是庫侖定律。

從公式來看，可以看出一個電荷產生的磁場強度與距離平方成反比吧？

看不出來。

$$\nabla \cdot E = \frac{\rho}{\varepsilon_0}$$

$$\oint_S D \cdot dA = \int_V \rho\, dV$$

第二個方程式——法拉第感應定律，規定隨磁場變化而感應出的電場型態。

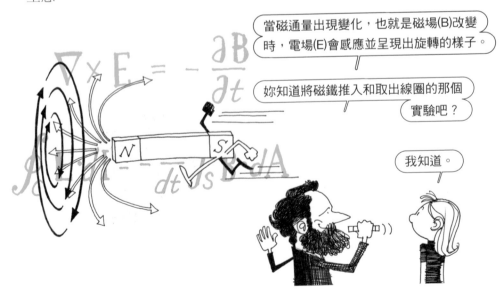

當磁通量出現變化，也就是磁場(B)改變時，電場(E)會感應並呈現出旋轉的樣子。

妳知道將磁鐵推入和取出線圈的那個實驗吧？

我知道。

$$\nabla \times E = -\frac{\partial B}{\partial t}$$

第三個方程式——高斯磁定律，規定磁場不會發散或收斂，而是經常處於封閉曲線型態。

所以在一定空間內，彼此朝著反方向相互作用的力量大小總和總是為零。

磁場中的N極和S極不可能單獨存在，所以磁場線沒有起點和終點。

最後一個方程式，則是修正了規定電流周圍旋轉磁場的安培定律，並補充一項說明。

安培定律曾在〈法拉第篇〉出現過吧？磁場就像這樣旋轉。

當我看到這個定律的那一瞬間，就覺得它還沒有完成。

哪裡還沒完成？

馬克士威認為，磁場的變化可以生成電場，所以電場的變化應該也能生成磁場。

馬克士威就這樣，將關於電磁的一切說明包含在簡單的方程式中。

然而，馬克士威在最後一個方程式添加的內容又導致另一個結果。

他所想到的就是電磁波。

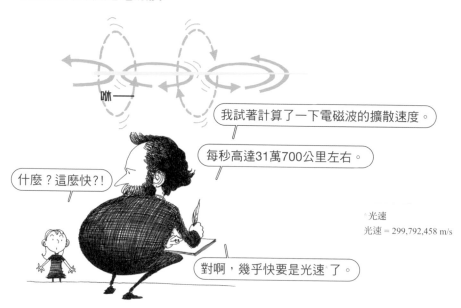

所以他做出了光是一種電磁波的結論。

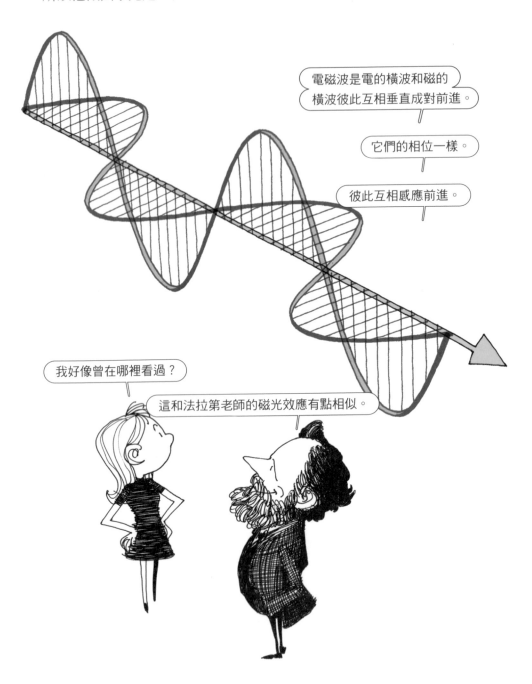

他那出色的數學推測，後來被德國的物理學家赫茲（Heinrich Hertz）證實了。

之後科學家們還找出所有電磁波的光譜。

可以全部寫在一張小便條紙上的方程式，不僅表現出這世界的電磁現象，甚至還表現了可延伸至宇宙的光的本質。

一個科學的時代結束了，馬克士威開啟了另一個新的時代。

1931年愛因斯坦說過的話？

不過光線若要傳播，還是得要有介質才行吧？

馬克士威所留下的成果和課題，成為了20世紀科學相對論與量子論的基礎。

11

原子的秘密
湯姆森與拉塞福

約瑟夫・湯姆森 Joseph John Thomson (1856～1940)

英國物理學家。發現有比原子更小的粒子——電子作為原子
成分，而重新研究原子構造。

歐尼斯特・拉塞福 Ernest Rutherford (1871～1937)

英國實驗物理學家。研究電波和放射性物質，並揭開放射線
的性質。用實驗證實了原子核的存在。

自道爾吞（John Dolton）說明不可再分的物質基本單位，並主張原子論將近一個世紀之際，科學家們又開始拚命挖掘，試圖找出隱藏在原子中的秘密。最後他們終於發現了電子，並找出原子核。

1897年是在電化學和物理學領域樹立起另一個重要里程碑的一年。

就在那年，英國的理論物理學家湯姆森發表了一項足以推翻現有原子論的驚人事實。

他發現的事實，就是被我們稱為「電子（electron）」的微粒的實證證據。

這是質量無法和氫原子相比的微粒。

無法相比是太大？還是太小？

如果太大，又怎麼會在原子裡？

科學家們為了它可是吃盡苦頭呢。

但不也靠它沾了不少光。

電子在電化學和量子力學的研究中，是不可或缺的重要線索。

electron

說的也是，有好多論文都是靠它通過的。

應該數不清吧？

我們都知道電子最早的發現者是湯姆森。

考試中出現簡答題時，都是那麼回答的。

有什麼根據？

不是有那個什麼陰極射線的實驗嗎？

19世紀有很多科學家都熱中於進行陰極射線管實驗。

聽說連玻璃工匠也沉迷於其中。

看起來似乎是個流行？

不過什麼是陰極射線？

但透過陰極射線管實驗發現電子，並非湯姆森一個人在一夕之間就能達到的成果。

可以說是在抽光空氣的玻璃管中通電後，所出現的閃光。

抽光空氣的玻璃管就是真空管囉？

沒錯，那裡面會發光。

是怎麼辦到的？

有東西會從陰極流向陽極。

這是源自於法拉第的實驗。

之後，為了瞭解神奇光線的真實身分，又陸續有了不少嘗試。德國物理學家普呂克，甚至還委託蓋斯勒製作氣體放電管。

德國物理學家戈爾德斯坦（Eugen Goldstein）將那個電子流命名為陰極射線。

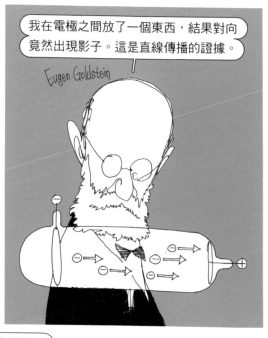

克魯克斯（William Crookes）則是以改良過的氣體放電管來進行實驗。

科學家們利用克魯克斯管進行各種實驗，揭開了陰極射線的秘密。

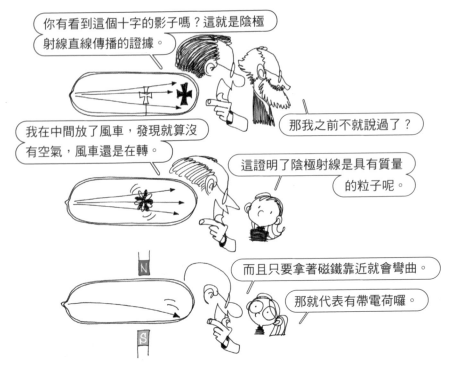

湯姆森那時正好是劍橋大學卡文迪許實驗室主任。

湯姆森綜合分析了經由克魯克斯管得到的實驗結果，確信陰極射線就是粒子。

湯姆森以出色的直覺與數學實力揭開了粒子的真面目。

他測量了假定是粒子的陰極射線速度，並計算了電荷質量比。當時湯姆森測出的數值是1,000分之1，但之後透過技術查驗的結果發現是1,847分之1。

陰極射線的速度比光慢很多，大約只有1,500之1。

那就證明它不是電磁波囉？

妳馬上就懂了呢。

我在馬克士威那篇學過了。

那妳知道它的質量多大嗎？

多大？

大約是氫原子質量的2,000分之1。

這很難稱得上是質量呢。

湯姆森進行研究的意義在於找出引發電現象的主角——電子流，並同時重新查驗原子結構。

道爾吞大哥、拉瓦節大哥、法拉第大哥、馬克士威大哥……你們等著看！

最後達到的結論就是他在1897年發表的微粒——電子的發現。

湯姆森還替換了以前由道爾吞提出的原子模型。

才不是那麼單純的一顆小圓球。

電子就是像這樣嵌在各個地方，原子的質量則是平均分散在全區。

這看起來好像葡萄乾布丁喔。

總之我要拿到諾貝爾獎。

然而，要製造出一個完整的原子模型，除了電子之外，還得知道其他粒子的真實身分。

原子為中性，那是不是應該要有可以和電子的負電荷對應的粒子呢？

接下接力棒的人是拉塞福。他主要研究的是與原子的放射性衰變相關的領域。

兩位好，我是來自紐西蘭的英國人。

湯姆森老師發現電子的時候你在哪裡？

我就在他旁邊。

卡文迪許實驗室？

我在1908年以原子衰變理論得到了諾貝爾獎。

Ernest Rutherford

就如各位所知，放射性衰變是指不穩定的原子核在轉變為其他原子核時，會釋放出多種放射線的現象。

你剛才是說了「如各位所知」嗎？

我是知道放射性啦，不過什麼是放射線？

放射性物質就是可以放出放射線並且衰變的物質。

包含粒子輻射的阿伐射線（α射線）、貝他射線（β射線）、中子射線，以及電磁波的伽馬射線、X射線等等。

我更聽不懂了。

像鈾這些原子序*大的原子，在原子核中含有大量質子，所以會因為質子間的斥力而不穩定。

這裡太擠了，散開一點。

那就把一些東西丟掉，減少原子序吧。

而那些被丟出來的東西就是放射線。

我現在終於懂了。

*原子序
即原子在週期表上的序號，是依照原子核的質子數來決定的。原子序為1就是原子核中有1個質子，原子序為10就是原子核中有10個質子。

就這樣又打破了原子不變、不可分的傳統觀念。

法國科學家貝克勒（Henri Becquerel）發現了放射線。居禮夫婦則是發現了放射線射出的其他元素——釙和鐳。

Antoine Henri Becquerel

Marie Curie

Pierre Curie

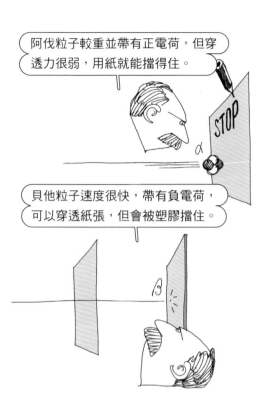

阿伐粒子較重並帶有正電荷，但穿透力很弱，用紙就能擋得住。

貝他粒子速度很快，帶有負電荷，可以穿透紙張，但會被塑膠擋住。

拉塞福發現，像鐳或鈾這種放射性元素會放出兩種彼此不同類型的放射性粒子，並將它們取名為「阿伐粒子」和「貝他粒子」。

接著他以阿伐粒子進行了密集的原子結構探索實驗。

原來阿伐粒子的原子核是由兩個質子和兩個中子構成的。

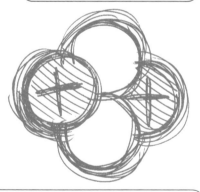

那就是原子序2號——氦的原子核？

沒錯。不過裡面少了電子，所以相當於是帶正電的氦離子。

這是朝著厚度為2萬分之1公分的金箔紙發射阿伐粒子的實驗。

他和在曼徹斯特大學擔任助手的德國物理學家蓋革（Hans Geiger），還有曾為他弟子的馬士登（Ernest Marsden）一起開發出可以追蹤阿伐粒子的裝置。

在經過冗長又堅持不懈的實驗和觀察。

他們發現在8,000個阿伐粒子中，有一個沒有通過就被彈出來了。

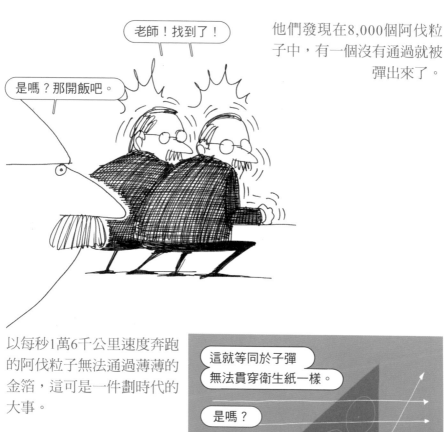

以每秒1萬6千公里速度奔跑的阿伐粒子無法通過薄薄的金箔，這可是一件劃時代的大事。

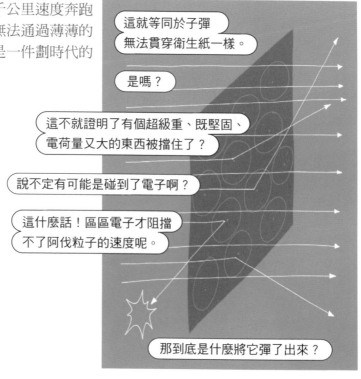

這就是原子核的發現。拉瑟福以實驗結果為基礎，提出了不同於湯姆森模型的新原子模型。

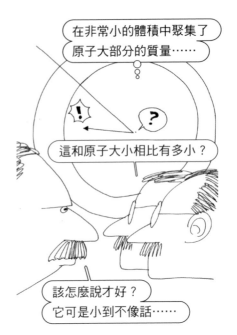

在非常小的體積中聚集了原子大部分的質量……

這和原子大小相比有多小？

該怎麼說才好？它可是小到不像話……

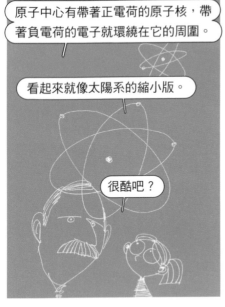

原子中心有帶著正電荷的原子核，帶著負電荷的電子就環繞在它的周圍。

看起來就像太陽系的縮小版。

很酷吧？

他想像中的原子世界就像我們今天所知道的那樣，是由原子核和電子組成的模型，但他也留下了尚未解開的謎題。

不過我覺得還是有點可惜。

什麼可惜？

就是電子啊……

話說你又是從哪裡冒出來的什麼人啊？

我是從丹麥來的波耳。

12

前往量子化的世界

波耳

尼爾斯・波耳 Niels Bohr (1885～1962)

丹麥理論物理學家。他奠定了量子力學的基礎，利用普朗克常數與
氫原子光譜的概念改良拉塞福原子模型，發展出全新的原子模型。

丹麥出身的理論物理學家——波耳，為了解決拉塞福原子模型的缺陷，便將想像力跨足到一直隱藏於神秘面紗之下的原子內部。他在敞開大門之後，所進入的是一個無法預測時空的量子世界。

縱觀整個科學史，還能找得到像這張聚集那麼多傑出人才亮相的照片嗎？

1927年10月於布魯塞爾

在這些人的面孔中，不用說一定有愛因斯坦，還有得過兩次諾貝爾獎的瑪麗‧居禮。

這群人當中有17位獲得了諾貝爾獎。

他們是應邀參加以電子和
光子為主題的第五屆索爾
維會議的物理學家。

索爾維會議是從1911年首次開辦，
每3年舉辦一次的國際物理學會。

這是比利時企業家兼科學家——索爾維（Ernest
Solvay）為了促進科學發展而創立的。

1927年舉辦的第五屆會議是最著名的。

發表確立量子力學的哥本哈根
詮釋的代表。

我可是很有耐心地陪不滿意哥本哈
根詮釋的愛因斯坦討論了很久。

若要在這群來自世界各地
的物理學巨匠中選出一個
主角，絕非這個人莫屬。

這個人是誰？

他就是解讀包覆著面紗的原子結構，引領20世紀量子力學的丹麥理論物理學家——波耳。

尼爾斯·波耳。

就是在下。

對應原理

互補原理

我的成果

確認與中子分裂相關的鈾放射性同位素。

主導哥本哈根詮釋

兒子的教育

兒子的教育？

我兒子也得到了諾貝爾物理學獎。

他為近代物理學做出的貢獻，大多來自於進行發生於原子內部的電子神秘性質的相關研究。

波耳曾在因發現電子而聞名的湯姆森旗下研究過，也曾在更新湯姆森原子模型的拉塞福所待的曼徹斯特大學研究過。所以他可說是一路不停地關注著原子模型的變遷過程。

你怎麼會跑來這裡？

因為湯姆森老師太忙了。

我們也很忙。

拉塞福 →

葡萄乾布丁

以原子核為中心的太陽系形狀

啊！不過？？

老師，我怎麼看都覺得這個模型好像有問題，雖然不知道該不該抱持這種問題意識也是我的問題啦……

我也知道有問題！

我知道！

當27歲的波耳加入曼徹斯特大學研究小組時，科學界認為拉塞福在一年前發表的核模型有著嚴重缺陷。

拉塞福模型的問題在於，在原子核周圍繞行的電子運動是不可能的。

根據馬克士威的電磁學，像圓周運動一樣進行加速度運動的電子是電磁波，也就是說它會發光。

在那種情況之下，因能量損失而變輕的電子會漸漸被原子核吸引，最後附著在上面。

因為若無法解決拉塞福模型的缺陷，理論上，世間萬物就會在瞬間萎縮。

如果將一個原子的大小比喻成足球場，那位於中央的原子核，體積應該相當於一小顆彈珠。

還有小到看不見的電子環繞在足球場周圍。

你是說原子裡面大部分是空的？

所以你說電子會被原子核吸引，附著在上面，代表這麼大體積的空間都會消失嗎？那可不行！

是拉塞福錯了，不用擔心。

老師，不知是否可以請教一下，如果我解決了先前假說的問題點，這樣會不會讓你心裡不好受？

波耳決定要找出為何原子不會塌陷，也就是這個世界可以安然存在的原因。

不會，我已經得到一個諾貝爾獎了。

波耳只花了一年的時間，就解決掉這個糾纏當代著名物理學家們已久的問題。

老師，我還是解開了。對不起。

你解開了我的問題，有什麼好對不起的？

對不起，我花了那麼久時間。

在波耳解開原子世界祕密的過程中，有兩個具有決定性的重要線索。

普朗克常數

氫原子光譜

他最先注意到的是德國理論物理學家普朗克（Max Plank）在1900年發表的論文內容。當時的普朗克雖然就像其他科學家，不知道輻射能量值為何不連續的原因，但他所創造出的方程式，卻與輻射現象非常吻合。

輻射能就是正在被量子化的假說。

什麼是量子化？

就是光能具有不連續性的概念。

是斷斷續續的意思嗎？

他不知道不連續的原因嗎？

因為他相信光是電磁波，但能量值卻呈現出塊狀。

那只要相信光是塊狀的不就好了？

但沒有足夠的勇氣和證據可以讓他那麼做。

他在方程式裡也加入了常數——普朗克常數。

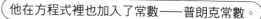

$$E = h\nu$$

光能　普朗克常數　頻率

連原因都還不知道，就先寫出方程式？

這在理論物理學家之間是很常見的事。

這麼急著寫，如果之後發現錯了該怎麼辦？

總比被別人搶先發表論文好呀。

普朗克的假設也能套用在
原子模型上。

我們可以想像，電子釋放出來的電磁
波——也就是輻射能，是不連續的。

那樣想像會比較好嗎？

這樣電子就可以不用連續被吸進去了。

但也可能在轉眼間就被吸住了呀？

妳說的轉眼也屬於一種連續。

波耳在看到1897年由瑞士物理學家巴耳末（Johann Jakob Balmer）發
表的實驗結果，就堅定了信心。

放電管

縫隙

光譜儀

那是什麼實驗？

使用光譜儀觀察氫氣在玻璃管
中因放電效果所產生的光。

光譜儀？

像稜鏡一樣讓光線通過後，就可
以根據折射率看到不同顏色。

妳知道光譜吧？

紅橙黃綠藍靛紫？

沒錯，妳說的光譜是連續的對吧？

那線光譜呢？

巴耳末在使用光譜儀觀察氫氣的光線時，看到了線光譜。

是像這樣斷斷續續，不連續的光譜。

這被明顯間隔分開的四條線，就是各自釋放出獨立輻射能的證據。

光能會依照波長大小的順序出現，所以可以計算出頻率。

但還是不知道輻射能為何會不連續。

科學家竟然會不知道原因。

能量的量子化，不連續的光譜，波耳看出這所有現象的罪魁禍首就是電子。

光能之所以會量子化，就是因為電子軌道不連續。

軌道不連續？

這和太陽系行星的軌道不同。

怎麼不同？

我們可以將人工衛星放到任意軌道上。

電子呢？

電子只會在週長為波長的整數倍的軌道上運轉。

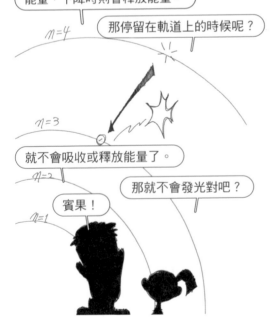

當電子上升到能階高的軌道時就會吸收能量，下降時則會釋放能量。

那停留在軌道上的時候呢？

就不會吸收或釋放能量了。

那就不會發光對吧？

賓果！

在氫原子中，一個電子只能待在固定的軌道——也就是某個能階上。

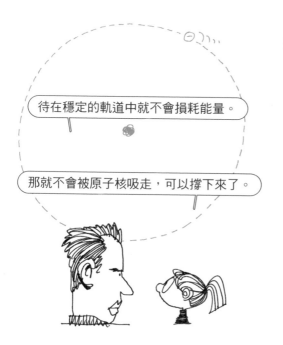

若這麼建立假說，就能防止
原子塌陷。

待在穩定的軌道中就不會損耗能量。

那就不會被原子核吸走，可以撐下來了。

不過其實在說明電子的時候，
不適合使用「移動」「上升」「下降」
這些表現說法。

為什麼？

辐射能量的量子化，也就是
電子不連續移動的證據。

因為這些全都是連續性的動作。

那該怎麼說才好？

消失的同時立刻出現？

它是鬼嗎？

其實電子就和鬼沒兩樣。

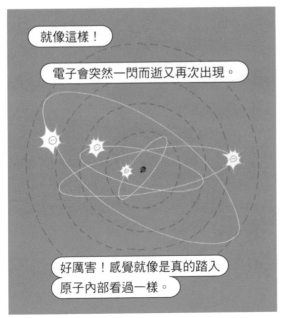

就像這樣！

電子會突然一閃而逝又再次出現。

好厲害！感覺就像是真的踏入原子內部看過一樣。

波耳終於製造出改良自拉塞福模型的全新原子模型。

雖然他看起來就像是第一個踏入原子世界裡面看過的科學家，但他也還沒掌握到關於原子和電子的所有秘密。這個原子模型之後雖然還會再加上軌道的概念而變得更加複雜，但很明確的，波耳就是準確掌握了電子的性質，並且開創出量子力學地平線的那個人。

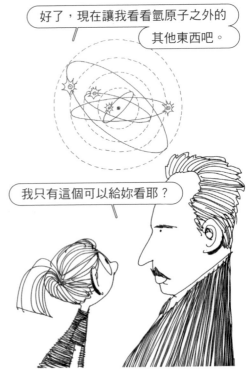

好了，現在讓我看看氫原子之外的其他東西吧。

我只有這個可以給妳看耶？

13

放射性的一體兩面

瑪麗‧居禮

瑪麗‧居禮 Marie Curie (1867～1934)

法國物理學家和化學家。發現了最早的放射性元素釙和鐳。
研究出輻射是原子本身的性質。

發現了至今仍被用於治療癌症的放射線療法中的元素——鐳，並將它分解的科學家，是首位女性諾貝爾獎得主，也是首位得到諾貝爾物理學和化學兩個獎項的瑪麗·居禮。

只要一聽到放射線，就會
讓人感到莫名害怕。

只是要你去照個X光，不會死的。

你剛才不是說放射線嗎？

X光或磁核共振（MRI）都屬於放射線檢查。

放射線不是核彈爆發時會釋放的東西嗎？

這是因為放射線可以破壞或改變
細胞或物質的結構。

放射性元素的原子核不穩定，因此會自動衰變，並以粒子或電磁波型態釋放出放射線。這個放射線的強度就稱為放射性活度。

什麼是放射性元素？

就是會釋放出放射線的元素。

那什麼是放射線？

就是放射性元素會釋放出的東西。

你欠罵嗎？

為了瞭解什麼是放射性元素，就先來看一下原子的結構吧？

原子是由原子核和電子組成的。

我知道。拉塞福和波耳模型。

原子的質量大多集中於
原子核上。

若以體重來說，就是構成我們體內原子核的
粒子與地球之間起作用的重力結果。

組成原子核的粒子？它還可以再分下去嗎？

原子核由質子和中子構成。

原子核 (atomic nucleus)

該不會分到質子和中子還沒結束？

再細分下去還有夸克、渺子、微中子……

中子

質子

別再分了！

上夸克

下夸克

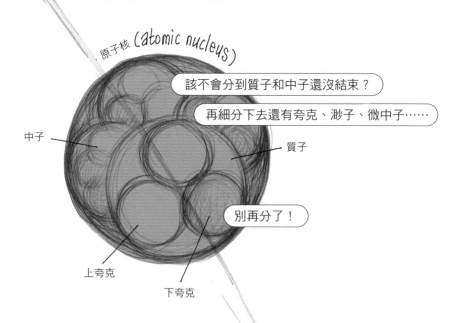

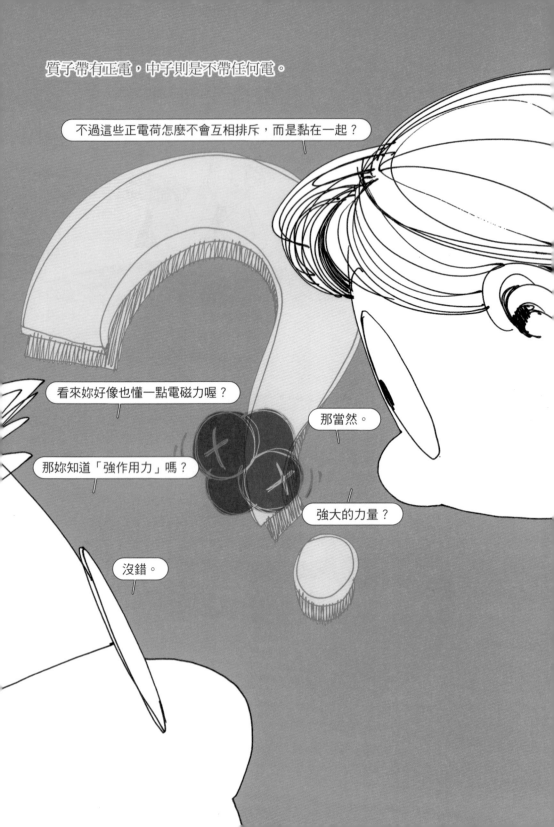

用來維持核型態的強大力量——強作用力，英文稱為「strong force」。

強作用力比電磁力更為強大，因此會抗衡質子之間的斥力。

然而，當原子序過大時，情況又會有所不同。這樣的原子核會為了成為穩定的原子核而發生衰變。

當原子核衰變時，就會釋放出粒子輻射。

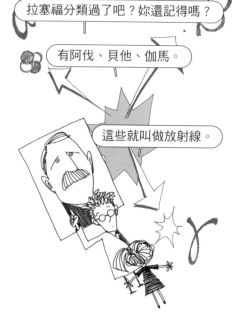

第一個發現放射線的人是法國科學家——貝克勒。

貝克勒當時正在進行鈾鹽磷光現象的相關實驗。

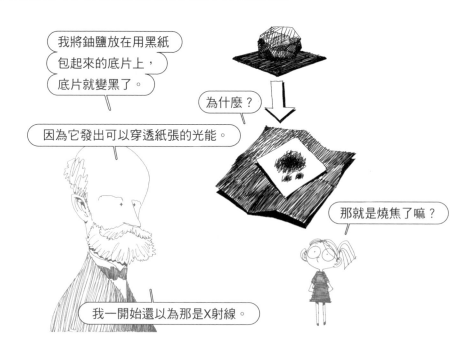

就在某天，他查覺到放在沒有亮光處的礦物竟發出細微光芒的證據。

就算我放在抽屜裡，底片還是變色了。

沒照到陽光卻變色了嗎？

所以這就是礦物本身持有能量的證據。

他所發現的是鈾原子核衰變時產生的放射線。

我發現了未知的光線！

這光線叫什麼名字？

應該就叫貝克勒射線吧？

當時在貝克勒的實驗室裡，有一位特別引人注目的博士生，她就是生於波蘭的瑪麗·居禮，本名為瑪麗亞·斯克沃多夫斯卡—居禮（Maria Sk odowska—Curie）。

這真是個偉大的發現！

妳好像比我還開心。

因為這是讓我日後拿到諾貝爾獎的研究主題呀。

妳結婚了之後還要讀博士班，不會太累嗎？

你這是在性別歧視嗎？

瑪麗是一位堅強不屈的女性。

雖然童年時期家境困苦，但我很認真讀書，對科學也很有興趣。

那妳一定考上了很棒的大學。

姊姊？

為了讓姊姊先讀書，我就延後了。

我前面還有一個想讀醫學院的姊姊。

她和姊姊約好兩人要依序
求學。

姊姊妳先去法國當醫生。

那妳呢？

我先去當家庭教師來資助妳求學。

接下來呢？

妳是真的不懂才問嗎？

聽說妳是從波蘭來的？能讀得好書嗎？

你這是在地域歧視嗎？

妳打算讀到什麼時候？讀到博士班嗎？

讀到我拿到兩個諾貝爾獎為止。

我不會擋妳的。

等到姊姊依約成為醫生後，
瑪麗才進入巴黎索邦大學自
然科學系就讀。

之後她遇見了她的終生
伴侶——皮耶·居禮
（Pierre Curie），並與
他共結連理。

1896年，瑪麗在看到貝克勒
發現放射線後，便訂出更偉
大的計畫。

她決定對被任意命名為「貝克勒射線」的放射線，進行更深更廣的研究。

這條射線不是靠鈾和其他元素發生化學反應產生。

而是從鈾原子本身釋放出來的。
而且還有其他物質也會釋放出這條射線。

妳在想什麼？

我在想除了貝克勒射線之外，有沒有其他比較好的名字。

有誰能擋得了妳嗎？

瑪莉確認釷和鈾都會釋放出相同射線的事實。

我要大膽地替這個現象取個名字。

要叫什麼？

我決定叫他放射性（radioactivity）。

那是什麼？

是會釋放出放射線（radioactive ray）的物質特性。

那又是什麼？

是我新取的名字。

瑪麗和丈夫皮耶兩人情投意合。他們對含鈾的礦石——瀝青鈾礦努力不懈地進行研究。

老公，讓我們一起來做一件對夫婦來說最有意義的事情吧。

什麼事？

找出放射性元素。

終於，他們又再找出另外兩種放射性元素。

這顆礦石產生的放射線數值比鈾本身的放射線還高。

所以呢？

這代表除了鈾之外，還有其他放射性元素。

你們在幹嘛？

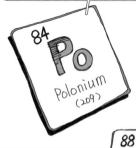

這是取自於我祖國之名的釙。

84 Po
Polonium
(209)

這是因為放射性很高，所以叫鐳。

88 Ra
Radium
(226)

從多達8噸的瀝青鈾礦中，只能萃取出0.1克的氯化鐳。

經過了幾千次的分離和提煉過程。

接著兩人為了萃取出這兩種元素的純粹樣本，費盡了千辛萬苦。

你們再這樣下去會得癌症的。

1903年，居禮夫婦和貝克勒共同得到了諾貝爾物理學獎。

一開始原本還因為我是女性，就要把我踢掉吧？

幾年後，瑪麗因一場車禍而歷經了喪夫之痛。

獨留於世的瑪麗經過反覆研究，將氯化鐳進行電解，最後成功分離出純金屬型態的鐳。

她在1911年又得到諾貝爾化學獎。

14

光的新名字——光量子

愛因斯坦 1

阿爾伯特・愛因斯坦 Albert Einstein (1879～1955)

美國理論物理學家。憑著對光的執著和想像，研究了光量子假說、布朗運動、狹義相對論、質能等效理論。

楊格的雙狹縫實驗結果，雖然看起來像是讓「光是波動？還是粒子？」的爭論告一段落，但自19世紀後期開始，科學家們又再次對光的本性產生懷疑。

愛因斯坦透過光電效應的相關思考實驗，得到了光是具有不連續能量的光量子這個結論。而他對光電效果所做的研究，成為連接普朗克的量子假說和近代物理學的橋樑。

科學家有時候會試著想證明某個假說是錯的，最後卻意外得到它是正確的結論。

以電荷量和光電效應相關研究成果得到諾貝爾物理學獎的物理學家——密立根（Robert Millikan）也是如此。

Robert A. Millikan

他為了反駁愛因斯坦發表的某個論文假說，才開始進行實驗。

但這10年來的研究結果，反倒證實了愛因斯坦的假說。

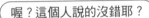

這個假說正是愛因斯坦於1905年3月發表的論文主題。愛因斯坦在那年連續發表了四篇論文。

〈關於光的產生和轉變的一個啟發性觀點〉

這是透過光電效應解釋的光量子假說。我就是靠這篇論文得到了1921年的諾貝爾物理獎。

布朗運動
指微小粒子或顆粒在流體中做的無規則運動。1828年由英國植物學家布朗（Robert Brown）提出，他在顯微鏡中觀察到，水中的花粉會呈現連續且不規則的運動，後來發現無生命的灰塵微粒也有著相同運動。

不是因為相對論得到的嗎？

〈熱的分子運動論所要求的靜止液體中懸浮粒子的運動〉

這是在解釋布朗運動，也證明了原子的存在。

〈論運動物體的電動力學〉

這就是狹義相對論。

〈物體的慣性同它所含的能量有關嗎？〉

這是質能等效原理。妳聽過 $E = mc^2$ 吧？

一年之內發表了這全部？

當愛因斯坦在一年內寫出這些細算價值足以得到三個諾貝爾獎的論文時，他還只是個瑞士伯恩市專利局的員工。

這是發生在雖然他大學主修物理學，卻未收到任何一間大學或實驗室的推薦，只能戰戰兢兢地度日的時期。

這時，研究光和熱力學的物理學家們正好有一道解不開的難題。

科學家們根據古典物理學定律，研究輻射線——也就是電磁波。

輻射指的是物體釋放出來的電磁波。

物體會隨著溫度不同，而釋放出波長不同的電磁波。

低溫時會釋放出波長較長的紅色，高溫時則會釋放出波長較短的青紫色。

所以燭火較熱的內側才會發出藍色光芒。

那燭光的外側呢？

外側的溫度較低，所以才會看起來是紅色的。

舉例來說，為什麼柳橙看起來會是橘色的？

這是因為它在可見光領域中主要
反射相當於橘色波長的光線。

那如果不反射，而是將光線全部吸收呢？

那種假想物質就稱為黑體（black body）。

至於物體之所以會各有不
同顏色，則是因為物體會
反射出特定波長的光。

19世紀末，科學家們以接近
黑體的中空密封物體——也
就是空箱來進行黑體輻射的
實驗。

你說這和可以吸收所有光線的黑體非常相近？

如果光線進入這個小洞裡，
差不多就很難出來了吧？

應該會在裡面到處反射虛耗光陰吧。

但如果有光線出來，應該有
很高機率會是最常見頻率的光線吧？

沒錯。

所以才可以觀察物體在特定
溫度下釋放出的輻射線。

透過黑體輻射實驗，科學家們發現了輻射線的頻率與光的強度的相關規則。

但誰也寫不出令人滿意的方程式。

他們從一開始就是以光是持續的波動為前提，寫下方程式。

當然！因為馬克士威老師說過光是電磁波。

牛頓力學和馬克士威的電磁學，可是物理學的兩大支柱耶。

如果光的能量是不連續的其他波長呢？

其他波長？

該說是某種能量束嗎？

你說什麼？你說波動是塊狀的嗎？

然而，德國的理論物理學家普朗克為了解開問題，提出了不同的前提。

我要稱它為量子化。

James C. Maxwell

Max Planck

1900年，他所創造的新方程
式與實驗結果相符。

你們看！我這個方程式看起來是不是很像將
維因定律和瑞立—金斯定律合併起來？

真的！不管是短波長還是長波長的
結果全都吻合了！你是怎麼辦到的？

我假設電磁波
能量是不連續的。

那就是在說光線不是波動的意思
嘛。你要我們相信這個說法？

其實我自己也無法相信。

雖然這是我寫出的方程式，但我還是不滿意。

為什麼？

根據牛頓力學的說法，能量必須是持續的物理量。
可是在我的方程式中卻有不連續的常數存在。

雖然這是物理學跨越到另一個階段
的瞬間，但就連普朗克也不太贊同
所謂的量子概念。

包括普朗克在內，當時所有的科學家都不敢違抗牛頓力學和馬克士威的電磁學。但愛因斯坦可沒有被當時支配物理學的大原則束縛。

如果否定掉這些老大哥，事情會變得更加複雜。

我可不想從頭再來一次。

我連量子這個名稱都不喜歡。

普朗克，你不需要擔心。你說的沒錯。

我說了什麼？

光線不是連續的波動，而是量子。

你可以幫我證明嗎？

當然！

怎麼證明？

我用光電效應來證明吧。

光電效應是只要使用光束照射金屬表面，就會發射出電子的現象。

光電效應是光能——也就是帶電導體表面的電子在吸收輻射線能量後，會發射出來的原理。

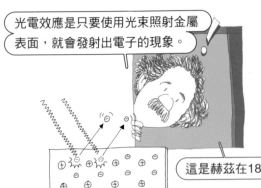

這是赫茲在1887年發現的。

像這樣用紫外線照射電極後就彈出了火花，電流也跟著流動。

如果用更強的光照射更久，應該就能釋放出更多電子？

問題在於不像妳說的那樣。

什麼意思？

如果光是波動，能量是連續的，那不管是用什麼光，照越久就該釋放越多電子出來。

光必須達到特定頻率才會釋放出電子，這項事實讓當時的科學家們苦惱不已。

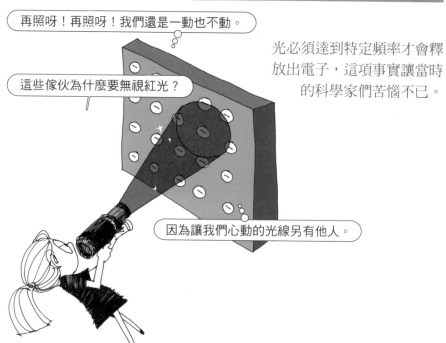

愛因斯坦就光電效應進行了自己的思考實驗。他將光電效應解釋為是單個光粒子與電子發生衝撞。

所謂的思考實驗……就是只靠動腦來做實驗？

理論物理學家是不碰工具的。

想要將不同金屬表面的電子打出來，就必須使用不同的光粒子才行。

用了和電子八字不合的光線，不管照再久，它都不會有反應

什麼八字？

頻率要吻合才行。

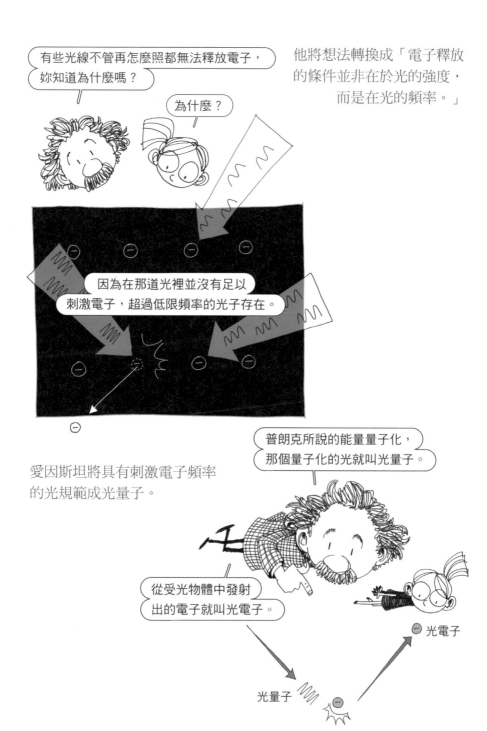

有些光線不管再怎麼照都無法釋放電子，妳知道為什麼嗎？

為什麼？

他將想法轉換成「電子釋放的條件並非在於光的強度，而是在光的頻率。」

因為在那道光裡並沒有足以刺激電子，超過低限頻率的光子存在。

愛因斯坦將具有刺激電子頻率的光規範成光量子。

普朗克所說的能量量子化，那個量子化的光就叫光量子。

從受光物體中發射出的電子就叫光電子。

光電子

光量子

14 愛因斯坦 1　　241

發射出光電子的現象——光電效應與光的強度無關，而是與頻率相關。愛因斯坦的方程式滿足了實驗結果。

光量子所具備的能量就是將普朗克常數和光頻相乘的值。

$$E = h\nu = \frac{hc}{\lambda}$$

大家看了我的論文一定會嚇到腿軟。

這看起來似乎沒錯，不過他竟然說光不是波動？

看起來很正確啊，為什麼不相信？

要相信還需要一點時間。

愛因斯坦的光量子假說在論文發表出來的當時，受到了主流科學家的漠視。

什麼時間？

讓教授們願意向專利局員工敞開心胸的時間。

前面所提到的美國實驗物理學家密立根正是反對愛因斯坦見解的其中一人。

各位，我在過去的10年竭盡心力做了實驗。

今天來這裡就是為了要發表我的實驗結果。

辛苦了。

緊張緊張

哇！　哇！

結果如何？

專利局的員工說的沒錯。

那現在確定不是波動了？

也並非完全不是。

那不然是什麼？

並非不是粒子？

變成不是非波動，也不是非粒子了？

一直被解釋為電磁波的光，現在有了「光量子」這個新的名字。

愛因斯坦對於光的執著和想像，
讓他很快就陸續寫出相對論和其他論文。

15

相對論

愛因斯坦 2

1905年再次來到了奇蹟之年。在這一年內，愛因斯坦連續發表了四篇論文，瞬間就改變了牛頓在很久前完成的宇宙設計圖。愛因斯坦對於時間、空間、質量、能量、重力的一切直覺，都源自於光。

宇宙裡也有限速。

秒速30萬公里！

30萬 km/s

這是在說光速吧？

即使如此，也不需要
取締超速行為。

光速不變原理，是愛因斯坦在一百多年前就發現的偉大理論要點。

19世紀的科學家，滿懷自信地認為自己可以解釋宇宙中所有運動現象。他們相信的兩個物理定律，分別是牛頓的運動力學和馬克士威的電磁學。

我們有兩個萬用方程式。

這兩個定律到了今天被稱為古典物理學。

古典就代表過時了吧？

我可沒那麼說。

完成電磁學的馬克士威，將電磁波定義為以光速前進的橫波。

光速為常數。

常數就是不會變的數值嗎？

沒錯。

如果光是波動，那就會需要介質。
因為聲音也是靠著介質傳遞。
你說什麼？我聽不到。
這裡沒有空氣，才會聽不到任何聲音。
你說什麼？

所以19世紀的科學家們，不得不設定有一個傳遞電磁波的假想介質存在。

然而就在科學家的自信心達到最高峰時，問題發生了。

他們認為，根據在地球上的觀察者的相對條件來說，光抵達的速度會有所不同。

此外，根據古典物理學的相對論觀點，光速還必須包含地球移動的速度。

美國科學家邁克生（Albert Michelson）與莫立（Edward Morley）試著尋找光速變化以證明乙太存在，他們耗盡所有努力卻屢次以失敗告終。

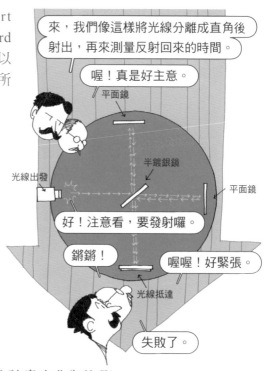

當邁克生和莫立野心勃勃的計畫也化為泡影後，科學家們簡直就像是陷入了迷宮。

就在這時，愛因斯坦提出了
狹義相對論。

在很久以前伽利略就已經提
過了相對論。

以前當伽利略說地球會轉動時，人們這麼問他。

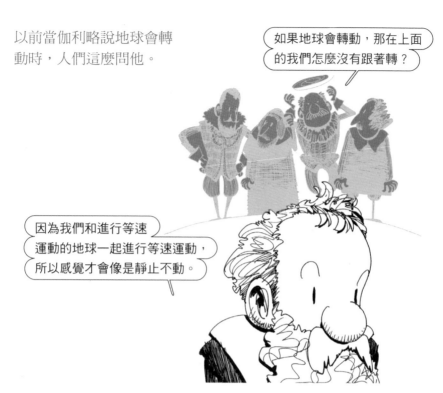

如果地球會轉動，那在上面的我們怎麼沒有跟著轉？

因為我們和進行等速運動的地球一起進行等速運動，所以感覺才會像是靜止不動。

不論等速運動或靜止狀態，在物理上都屬於未加速的狀態。

兩者都沒有速度變化的狀態，就是適用於慣性定律的狀態。

啊！所以慣性座標系就是適用於慣性定律的座標系啊。

當外圍的靜止觀察者，觀看發生在等速運動的慣性座標系內的運動時，感覺會相對不同。

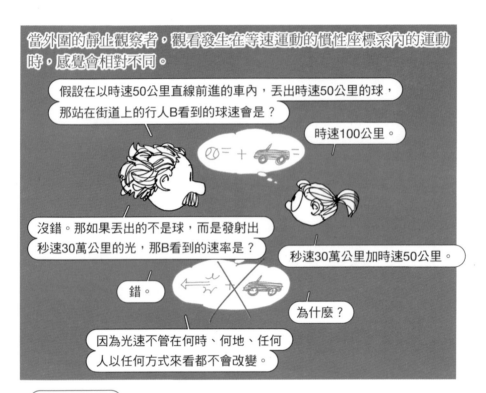

假設在以時速50公里直線前進的車內，丟出時速50公里的球，那站在街道上的行人B看到的球速會是？

時速100公里。

沒錯。那如果丟出的不是球，而是發射出秒速30萬公里的光，那B看到的速率是？

秒速30萬公里加時速50公里。

錯。

為什麼？

因為光速不管在何時、何地、任何人以任何方式來看都不會改變。

什麼是速率？

每小時移動的距離，$v=d/t$。

但是以光的情況來說，速度必須要保持不變。那要研究什麼才對？

愛因斯坦在這個關鍵時刻，完全打破了至今以來的傳統觀念。

$$V = \frac{d}{t}$$

該不會是距離和時間？

現在讓我們假設，這名靜止觀察者正在觀察以非常快的等速飛行的
火箭吧？

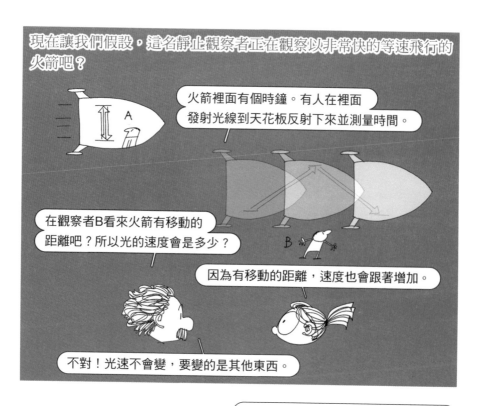

火箭裡面有個時鐘。有人在裡面
發射光線到天花板反射下來並測量時間。

在觀察者B看來火箭有移動的
距離吧？所以光的速度會是多少？

因為有移動的距離，速度也會跟著增加。

不對！光速不會變，要變的是其他東西。

愛因斯坦大膽地假設火
箭內的時間變慢了。

你是說時間會變成「時～～間」嗎？

空間的長度也會變短。

換句話說，就是改變了以前曾為絕對標準的時間和空間概念。

這像話嗎？時間就是時間，空間就是空間啊。

都說過時間和空間是變數了。

為什麼？為什麼？到底為什麼？

因為光速是常數。

我不相信。我無法相信。

妳之後就會相信了。

狹義相對論在當時雖然很難讓人相信，但最終被判定為科學事實。

物體移動越快，朝著運動方向的長度就會縮短，時間也會變慢。

那個專利局員工剛才說了什麼？

時間和空間會改變。

唉唷，牛頓大哥都要從地下跳起來了吧。

不過他的方程式看起來很像一回事耶？

有方程式就行了嗎？有就行了嗎？

接下來還能用實驗證明。

我就是擔心會這樣，才會那麼激動。

根據速度增加的質量會與動能成正比。

這又是什麼意思？

隨著光速不變，慣性質量可轉變為能量。

質量會變成能量？

再加上愛因斯坦還發現，當速度增加，物體的慣性質量*也會跟著增加。

*慣性質量
受力物體會因運動而產生加速度。慣性質量指的是抵抗這種加速度的質量。計算力量的公式$F=ma$中的F是力量，m是慣性質量，a是加速度。也就是說，當相同的力量在作用時，慣性質量小的物體會比慣性質量大的物體加速更多。

那個著名的公式，就是出自於質量即為能量的概念。

愛因斯坦驚人的直覺並未就
此打住。

接下來還要發展成廣義相對論。

廣義?

狹義相對論是只適用於慣性
座標系中的定律。

啊!所以你是想要普及到也
能適用於加速度運動上嗎?

沒錯。

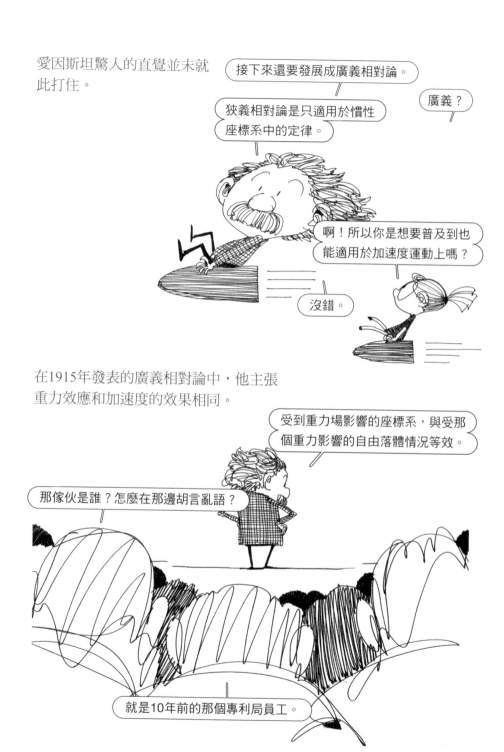

在1915年發表的廣義相對論中,他主張
重力效應和加速度的效果相同。

受到重力場影響的座標系,與受那
個重力影響的自由落體情況等效。

那傢伙是誰?怎麼在那邊胡言亂語?

就是10年前的那個專利局員工。

那句話的意思就是……

搭電梯開始上樓時，會覺得腳底
有一股沉重的壓迫感吧？

嗯！

這不就出自於我們在搭乘加速中的電梯時，
由身體慣性所產生的感覺嗎？

嗯！！

這就和腳下有一個質量超級大的物體經過
而產生重力是一樣的意思。

嗯？？？

換句話說，搭乘公車的我們會頻繁地體驗前後左右的重力。

透過這樣的等效原理，我們也能理解到，時間跟空間會因為受到強大的重力而產生扭曲。

廣義相對論和宛如電影情節般的其他理論，也在日後透過觀察和測量被確認屬實。愛因斯坦揭開了科學家們長久以來，都無法解開的萬有引力秘密。

我原本不知道是什麼力量互相吸引著遙遠的行星們。

後來才知道，那是因為太陽的極大質量而產生空間扭曲。

加速度、時間、質量，在物理學中可以討論的東西變豐富了？

那些拍電影的人一定愛死了！

16

宇宙的再發現

哈伯

愛德溫‧哈伯 Edwin Hubble (1889〜1953)

美國天文學家。利用造父變星改變我們對於宇宙大小的認知。藉由觀察確認宇宙膨脹的事實,發表日後作為大霹靂理論基礎的哈伯定律。

若要從生活在20世紀的人當中，選出最愛宇宙和星星的人，那絕非哈伯莫屬。他揭開了宇宙不停膨脹的秘密。就連現在用來觀察遙遠宇宙的望遠鏡上也刻有他的名字。

20世紀，宇宙經歷了認同上的混亂。

科學家們為了宇宙是處於維持不變，還是持續膨脹的狀態而爭論不休。

對宇宙誕生的秘密也展開了一場攻防戰。

是從一個點爆炸之後出現的。

爆炸？那應該就是突然霹……靂一閃囉。

在「大霹靂理論」取得最終勝利的這數十年間，眾多科學家都參與了這場爭論，並做出許多貢獻。

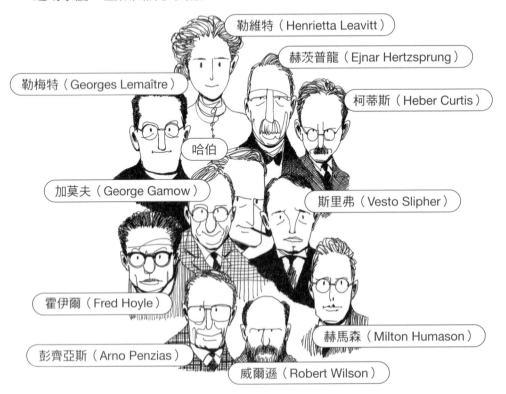

勒維特（Henrietta Leavitt）

赫茨普龍（Ejnar Hertzsprung）

勒梅特（Georges Lemaître）

柯蒂斯（Heber Curtis）

哈伯

加莫夫（George Gamow）

斯里弗（Vesto Slipher）

霍伊爾（Fred Hoyle）

赫馬森（Milton Humason）

彭齊亞斯（Arno Penzias）

威爾遜（Robert Wilson）

其中，最讓人耳熟能詳的名字就是⋯⋯

我是哈伯。

愛德溫・哈伯，1899～1953

那個望遠鏡不是你做的嗎？

那只是用我的名字命名而已。

哈伯太空望遠鏡，1994～

透過觀察確證，在我們銀河系之外還存在著其他星系（1925年）、宇宙持續膨脹以及星際之間的距離越遠其退行速度就會越快的事實（1929年），為大霹靂理論奠定鞏固基礎的人，就是1889年出生於美國密蘇里州馬什菲爾德富裕家庭的哈伯。

你爸爸是做什麼的？

他是律師。

是嗎？

兒時的他是個長相英俊、個子高大、聰明、懷抱著遠大夢想的少年。

我太喜歡天空和星星了。

那接下來要不要讀個天文學？

應該可以成為偉大的宇宙科學家吧？

說不定還能成為《TIME時代週刊》的封面人物。

孝順的他遵循父親的意思，以獎學生的身分主修法律，還曾當過律師。

本律師想在這鼻屎般大小的法庭上，談論有關那遙遠的麥哲倫星雲中的造父變星。

什麼？

這和離婚訴訟有什麼關係？

但他依然無法拋棄對天文學的夢想和熱情。在25歲喪父之後，哈伯便立即投身於科學界。

你之前在做什麼？

我是牛津大學出身的律師。

那你來這裡幹嘛？

我想來看星星。

只為了看星星？

他在1914年進入芝加哥大學天文學研究所就讀，並在第一次世界大戰中服役。軍隊退伍後，便在加州的威爾遜山天文台開始進行研究。

戰爭結束後你要做什麼？

去看星星。

還真有閒情逸致。

當時擁有100英吋望遠鏡的威爾遜山天文台，對哈伯來說簡直就是樂園。

這顆是我的星星～那顆也是我的星星～

愛德溫，你不吃飯嗎？

我不用吃就飽了！

他在那裡陷入了愛河。

和仙女座……

哈伯對於遙遠星星的這份愛戀，可不只是普通的單戀。
他不光是漫無目的地看著星星而已。而仙女座也送給他
一份真誠的禮物作為回報。

你一直那麼看著我，讓我有點不自在，
所以我想告訴你一件事情。

什麼事情？

關於宇宙大小的線索。

喔！

當時科學界主導的想法是，我們所在
的銀河系就是整個宇宙的大小。

光這樣就已經夠大了。

沒錯！

以及宇宙是永遠都不會改變狀態的穩態宇宙論。

原本就沒有變化，

現在也沒有變化，

未來也不會改變。

然而哈伯的想法不同。他感覺仙女座好像要再更遠一些。

感覺好像是在我們的銀河系之外……

此外，他想要了解仙女座的星星
距離我們多遠。

我測量了星星和我之間的距離。

為了要證明宇宙超級大。

宇宙變大又有什麼好處？

就能創造出宇宙性的工作啊。

要仔細說起來，我可是立下了大功呢。

姊姊超讚！

各位可以不用煩惱該怎麼測
量和星星之間的距離。偉大
的天文學家勒維特早已確立
了方法。

在哈佛大學觀測天體的勒維特，在麥哲倫星雲發現了很多亮度會產生週期性變化的造父變星。造父變星是準確測量與星星之間距離的關鍵之鑰。

變光週期與星星亮度之間有著一定的關係。

1. 可以用恆星視差測量鄰近變星的亮度。
2. 也可以測量出相同週期遠距星體的絕對亮度。
3. 接著再用觀測得到與視亮度之間的距離模數計算出距離。

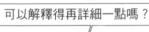

可以解釋得再詳細一點嗎？

這篇的主角是哈伯，我就點到為止……

哈伯專注地尋找仙女座星雲中的造父變星。他找出40多顆變星並加以觀測，最後成功測量出與它們的距離。

喔！我的仙女座！

一知道與仙女座之間的距離後，我就想到「不敢妄想」這句話。

結果令人震驚，從地球到仙女座的距離大約是90萬光年。雖然現今廣為所知的是250萬光年，但至少哈伯所計算出的距離，遠遠超過被推算為10萬光年左右的銀河系大小。

這距離遠到不可能接近吧？

我從來都沒想過要接近它。

自從那時候開始，仙女座不再被稱為是星雲，而是變成一個星系。

現在開始別再看我了，去尋找其他星系吧。

這段期間我很開心。

無限擴大宇宙大小的哈伯，開始順勢進行揭開宇宙運動真相的觀測。

連愛都會變質了，宇宙怎麼可能不會變？

這兩個又有什麼關係了？

為了進行這項大工程，哈伯還找來卡車司機出身的天體觀測奇才——赫馬森。

和我一起做事吧。

做什麼事？

可以在夜空史上留名的事情。

原來是星星的事。

哈伯和赫馬森一起觀察了星體的光譜。他們注意到因都卜勒效應而造成的紅移現象。

若分析來自星星的波長，就能知道那顆星的動向。

都卜勒效應是什麼？紅移又是什麼？

妳的科學老師沒教過嗎？

都卜勒效應指的是當距離拉近時聲波
會變短，拉遠時聲波會變長的現象。

只要聽過火車汽笛鳴響聲就知道了。

可是最近都是搭高鐵耶？

那就改成汽車的飆車聲好了……

當天體遠離觀察者，觀測到的
波長就會變長。也就是吸收譜
線在光譜中往紅外線方向偏移
的現象，稱為紅移。

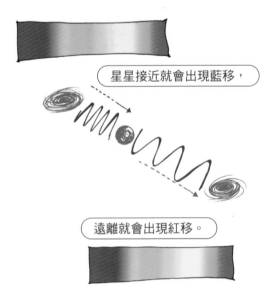

星星接近就會出現藍移，

遠離就會出現紅移。

他們努力不懈地追蹤半徑一億光年內的所有星系，發現在所有情況下，都出現了紅移現象，這就是宇宙膨脹的證據。

甚至還更進一步發現，位於遠方的星系，正在以比鄰近星系更快的速度退行的事實。

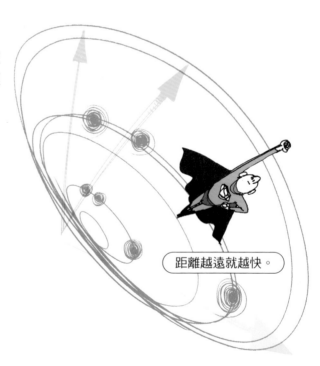

哈伯終於躋身偉大科學家的行列。他最後留下的，就是將自己的名字清楚地留在一個令人難忘的地方。

有一個讓科學家留名的地方。

哪裡？

那是一個將偉大科學家畢生成果濃縮至最精簡的地方──那就是方程式。

$v(km/s)$

$v=Hr$

$r(Mpc)$

v代表銀河後退的速度，r是距離，那H呢？

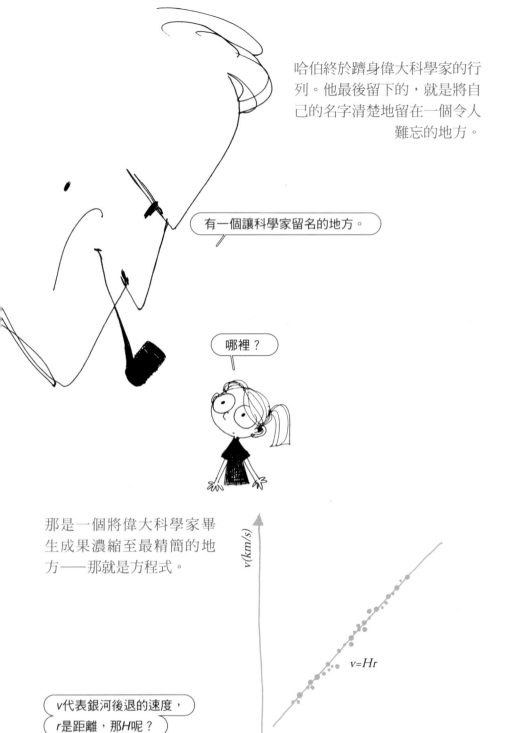

1929年，當哈伯發表在宇宙科學史上具有里程碑意義的論文〈星系外星雲距離與徑向速度之間的關係〉的同時，也在用來表示星系之間的距離與膨脹退行速度成正比的方程式上，刻上了哈伯常數H。這個方程式就是我們今天所謂的「哈伯定律」。

之後，受到哈伯的宇宙膨脹論影響，勒梅特曾於1927年提到的「宇宙始於一點」的宇宙起源說又再次被提起。

1948年，加莫夫提出可以成為勒梅特假說助力的大霹靂理論。對於大霹靂理論抱持相反立場，支持穩態宇宙論的霍伊爾還曾在1949年接受電台採訪時對此加以嘲諷，並將之取名為「Big Bang」。

1964年，貝爾實驗室的彭齊亞斯與威爾遜，發現宇宙大霹靂的痕跡——宇宙背景輻射。

宇宙沒有中心，也不去追究大霹靂之前的事情，這是科學的禮儀。

17

大霹靂的證據
彭齊亞斯與威爾遜

阿諾・彭齊亞斯 Arno Penzias（1933～）

美國天文物理學家。和認為宇宙的起源必須保持靜態的穩態宇宙論相互對立，並發現可成為支持大霹靂理論證據的宇宙背景輻射。

羅伯特・威爾遜 Robert Wilson（1936～）

美國無線電天文學家。與彭齊亞斯一起發現宇宙背景輻射，因此得到諾貝爾獎。

由於解釋宇宙起源和狀態最有力的定論——大霹靂理論，是以宇宙的起始為前提，因此遭到許多科學家排斥。所以那些支持大霹靂理論的科學家，必須找到大約137億年前，曾經發生過大霹靂的線索。

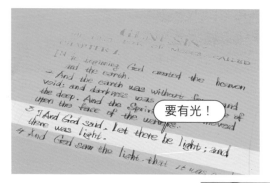

在《聖經》的〈創世紀〉第一章中，最初被創造出的世界沒有形體，只有一片空虛混沌。直到了第三節，才在黑暗中出現光。

科學家們根據大霹靂理論，認為是在宇宙發生大霹靂約38萬年之後，光才從物質和能量的縫隙中跑出來。

當時四散的光在冰冷的宇宙中所留下的熱氣，成為了大霹靂的線索以及化石──「宇宙背景輻射」。

比利時天文學者，同時也是天主教神父的勒梅特雖然在1927年曾經說過「宇宙始於一點」，提供了大霹靂理論的線索，

我認為所有一切，都是源自於「原始原子（primeval atom）」這一點。

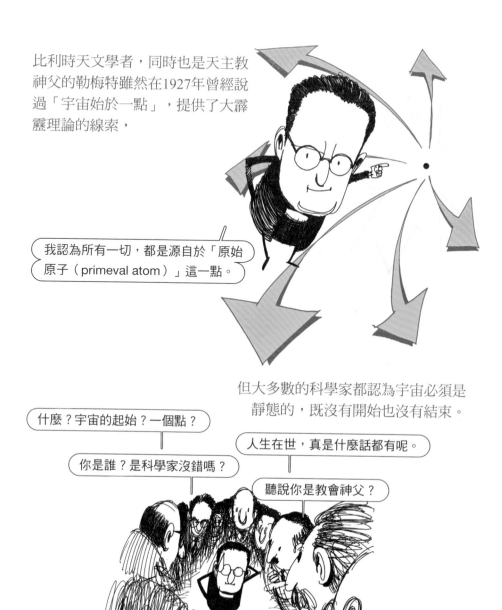

但大多數的科學家都認為宇宙必須是靜態的，既沒有開始也沒有結束。

什麼？宇宙的起始？一個點？

你是誰？是科學家沒錯嗎？

人生在世，真是什麼話都有呢。

聽說你是教會神父？

你以為現在是中世紀嗎？

把宇宙當什麼了！

真是末日啊，末日。

大霹靂宇宙論 VS. 穩態宇宙論

萬物的根源都始於爆炸！

到了1940年代，對於宇宙應該是什麼狀態，科學家們分為兩大派。

那麼誰是那個引爆犯？

大霹靂論者設想出一個宇宙模型。由最初大霹靂產生物質所組成的星系，隨著宇宙的膨脹而漸漸越變越遠。

在宇宙膨脹的同時，那些星系彼此也變得越來越遠。

反之，穩態宇宙論者以連續創生假說
回應，他們認為宇宙並不是從某個時
間點開始，而是最初就以和現在相同
的密度存在。而那些膨脹之後所產生
的空間，也會由新出現的星系填補，
並將永遠維持均質狀態。

宇宙的狀態是不會改變的。

主張大霹靂理論的科學家們為了找
出能夠說服穩態宇宙論者的證據，
進行了多方努力。

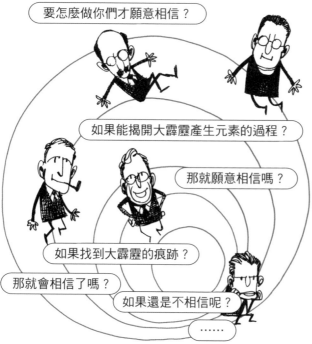

要怎麼做你們才願意相信？

如果能揭開大霹靂產生元素的過程？

那就願意相信嗎？

如果找到大霹靂的痕跡？

那就會相信了嗎？

如果還是不相信呢？

……

在美國喬治華盛頓大學進行研究的加莫夫追蹤了構成宇宙和星系的物質起源。

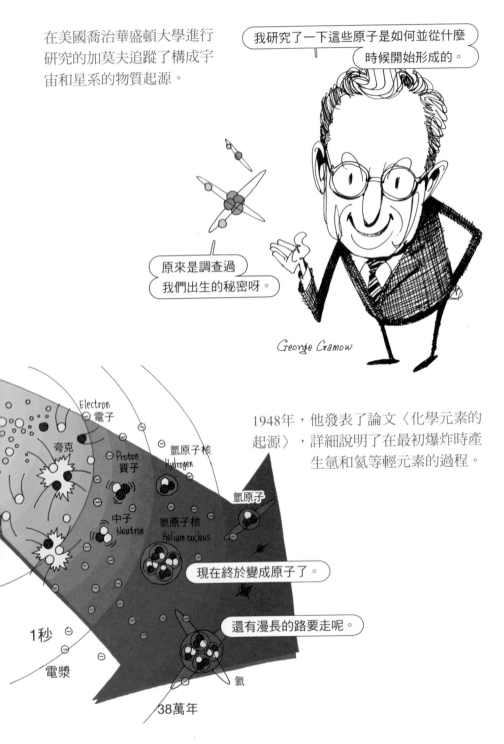

1948年，他發表了論文〈化學元素的起源〉，詳細說明了在最初爆炸時產生氫和氦等輕元素的過程。

然而，穩態宇宙論者卻依然不為所動。

氫、氦、鈹……全都是輕元素嘛。

像鐵這種重元素是如何產生的？

還有具有決定性的碳呢？

真想用重物痛扁他。

宇宙是爆炸形成的？那就叫Big Bang吧！

自稱是穩態宇宙論陣營先鋒的英國科學家霍伊爾，在1949年參加BBC廣播節目時，曾經嚴厲地批判過大霹靂論者。而他當時在無意間說出的單字就是「Big Bang（大霹靂）」。

我們有名字了。

BBC

即使如此，霍伊爾也絕不是固執
而無能的人，他反而是一位非常
出色的科學家，甚至還在日後
解決了連大霹靂宇宙論者
也解不開的重元素
合成問題。

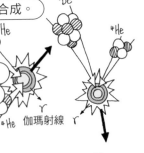

就是恆星核合成。

在收縮、膨脹的星體內
部溫度變化的過程中，

*He 伽瑪射線 γ

戲劇性地合成出碳！

諷刺的是，這可說是大霹靂反對論者替
大霹靂理論清除了前方的一顆絆腳石。

你立了大功耶？

那當然！

總之，想要證明無意間獲得「大霹
靂」這個奇名的理論作為宇宙科學
的定論，就需要更加確鑿的證據。

既然連名字都有了，
那就讓我們來替這場宇宙爭論畫下休止符吧？

一些科學家又再次將研究目光轉向非常遙遠過去的宇宙，就是為了找出「宇宙背景輻射」。

重要線索就藏在案發現場中！

你說的沒錯。

這些人還真執著。

諾貝爾獎就近在眼前了。

宇宙背景輻射指的就是在大霹靂後，向冷卻的宇宙擴散開的熱氣，就像是在打開電鍋的那一瞬間，向周圍擴散的水蒸氣一樣。宇宙的輻射是發生在大霹靂後的38萬年之後。

大霹靂初期的宇宙溫度太高，電子並沒有被原子核吸引，而是隨處四散晃盪，因此光粒子——也就是光量子被電子擋住，無法找到自己的去路。

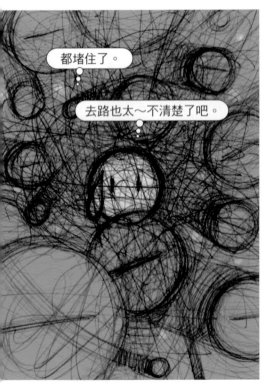

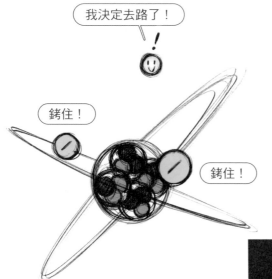

後來宇宙冷卻下來，氫和氦原子核抓住電子成為原子，宇宙也因此變得透明。

銬住！

我決定去路了！

銬住！

銬住！

正因為如此，光量子才能不受電子干擾自由自在地前進。而宇宙這也才終於露出了光芒。

這是因大霹靂而產生的光，

才會成為大霹靂的證據。

1948年，阿爾菲（Ralph Alpher）和赫爾曼（Robert Herman）發表了一段演說。他們表示波長短、能量高的光波會隨著宇宙膨脹拉長變成微波，並會均勻散布至整個宇宙。

積極出面尋找的人是普林斯頓大學的迪克（Robert Dicke）。他和同事們一起製作了電波望遠鏡。迪克是個目標意識非常明確的科學家，他只將目標鎖定在發現宇宙背景輻射。

當時就在不遠處，貝爾實驗室的彭齊亞斯和威爾遜也有著明確的目標意識。他們的目標就是消除雜音，以擁有更清晰的信號。

然而，就算去除了所有不必要的信號，實驗室的衛星通信用電波望遠鏡裡還是一直殘留著一種不明的雜音。

兩人為了消除令人在意的微波，做了各種努力。他們修理了天線，甚至還試著將天線上鴿子的糞便清理乾淨，但卻依然沒用。

真不知道這到底是什麼。

我是潛藏的絕地武士嗎？

不懂就要發問呀。

兩人最後詢問了普林斯頓大學的科學家迪克。迪克聽到消息後百感交集，他們所告知的信號型態是相當於絕對溫度3.5K物體波長的微波。

嗚嗚嗚嗚！找到了。

終於找到了！

他到底是開心還是傷心？

聽說那是宇宙背景輻射！

是我們找到的！

啊哈哈哈哈！

彭齊亞斯和威爾遜用盡辦法想要消除掉的雜音，就是迪克比任何人都想優先找到的宇宙背景輻射。

經歷大約一個世紀的爭論和波折，大霹靂理論終於就這麼在宇宙科學的法庭上勝訴。彭齊亞斯和威爾遜兩人於1978年得到諾貝爾物理學獎。

從小就特別喜歡火車的兒子，不知從什麼時候開始對機器設備產生了好奇心。他尤其對蒸汽火車頭特別著迷，所以收集了所有出現在動畫《湯瑪士小火車》中，角色人物的真實蒸汽火車頭資料。其中他最喜歡的就是史蒂芬生和他兒子一起設計製造的火箭號，這點我和兒子的看法有志一同。

史蒂芬生的火箭號
2015.11.12　7歲的律

本書登場人物及其主要事蹟

1629~1695
惠更斯

1690年出版
《光論》

1706~1790
富蘭克林

1752年藉由
「風箏實驗」
發現閃電是放
電現象

1736~1819
瓦特

1769年取得可
單靠蒸氣壓驅
動活塞的蒸汽
機專利

1745~1827
伏打

1800年發明伏
打電池

1773~1829
楊格

1800年代初期
以雙狹縫實驗
證明光的干涉
現象

1632~1723
雷文霍克

1635~1703
虎克

1642~1727
牛頓

1656~1742
哈雷

1663~1729
紐科門

1692~1761
穆森布羅克

1700~1748
克萊斯特

**1707~1778
林奈**

**1728~1799
布拉克**

**1731~1810
卡文迪許**

**1733~1804
普利斯特里**

1737~1798
賈法尼

**1743~1794
拉瓦節**

**1754~1826
普魯斯特**

1766~1844
道爾吞

**1776~1856
亞佛加厥**

1777~1851
厄斯特

1856~1940
湯姆森

1897年發現電子

1867~1934
瑪麗·居禮

1911年因發現
鐳和釙而獲頒
諾貝爾化學獎

1871~1937
拉塞福

1911年發現原
子中還有原子
核的存在

1879~1955
愛因斯坦

1915年發表廣
義相對論

1852~1908
貝克勒

1857~1894
赫茲

**1859~1927
阿瑞尼士**

1858~1947
普朗克

**1875~1946
路易斯**

1781~1848
史蒂芬生

1829年發明蒸
汽火車頭「火
箭號」

1791~1867
法拉第

1831年發表電
磁感應定律

1831~1879
馬克士威

1871年提倡光
的電磁學假說

1847~1931
愛迪生

1879年發明使
用碳燈絲的白
熾燈

1778~1850
給呂薩克

1779~1848
貝吉里斯

1797~1875
萊爾

1804~1865
冷次

1809~1882
達爾文

1814~1879
蓋斯勒

1822~1884
孟德爾

1822~1895
巴斯德

1825~1898
巴耳末

1829~1896
凱庫勒

1832~1919
克魯克斯

1834~1907
門得列夫

1838~1916
馬赫

1850~1930
戈爾德斯坦

1885~1962
波耳

1922年以原子
結構理論的研
究成果獲得諾
貝爾物理學獎

1889~1953
哈伯

1929年發表哈
伯定律

1933~
彭齊亞斯

1964年與威爾遜
一起發現可以解
釋大霹靂理論的
宇宙背景輻射

1936~
威爾遜

1982年與彭齊亞
斯以發現宇宙背
景輻射獲得諾貝
爾物理學獎

第1冊
第2冊
第3冊

1882~1945
蓋革

1889~1970
馬士登

1891~1972
赫馬森

1916~2004
克里克

1920~1958
羅莎琳・富蘭克林

1928~
華生

本書提及文獻

第 18 頁　　牛頓，《光學》（*Opticks*），1704.

第 22 頁　　惠更斯，《光論》（*Treatise on Light*），1690.

第 71 頁　　楊格，〈物理光學的相關實驗與計算〉（Experiments and Calculations Relative to Physical Optics），1804.

第111頁　　瑪西夫人（Jane Marcet），《化學對話》（*Conversations on Chemistry*），1805.

第140頁　　法拉第，《蠟燭的化學史》（*Chemical History of a Candle*），1861.

第163頁　　馬克士威，〈論法拉第力線〉（On Faraday's Lines of Force），1855~1856.

　　　　　　馬克士威，〈論物理力線〉（On Physical Lines of Force），1861~1862.

第165頁　　馬克士威，〈電磁場的動力學理論〉（A Dynamical Theory of the Electromagnetic Field），1856.

　　　　　　馬克士威，《電磁通論》（*A Treatise on Electricity and Magnetism*），1873.

第229頁　　愛因斯坦，〈關於光的產生和轉變的一個啟發性觀點〉（On a Heuristic Viewpoint Concerning the Production and Transformation of Light），1905.

　　　　　　愛因斯坦，〈熱的分子運動論所要求的靜止液體中懸浮粒子的運動〉（On the Motion of Small Particles Suspended in a Stationary Liquid），1905.

　　　　　　愛因斯坦，〈論運動物體的電動力學〉（On the Electrodynamics of Moving Bodies），1905.

　　　　　　愛因斯坦，〈物體的慣性同它所含的能量有關嗎？〉（Does the Inertiaof a Body Depend Upon Its Energy Content?），1905.

第283頁　　哈伯，〈星系外星雲距離與徑向速度之間的關係〉（A Relation between Distance and Radial Velocity among Extra-Galactic Nebulae），1929.

第292頁　　加莫夫（George Gamow），〈化學元素的起源〉（The Origin of Chemical Elements），1948.

- 具仁善，《유기화학（有機化學）》綠文堂

- 金熙俊等，《과학으로 수학보기, 수학으로 과학보기（科學看數學、數學看科學）》宮理

- Forbes, Nancy et Mahon, Basil. *Faraday, Maxwell, and the Electromagnetic Field: How Two Men Revolutionized Physics.* Prometheus Books

- MacArdle, Meredith et Chalton, Nicola. *The Great Scientists in Bite-sized Chunks.* Michael OMara Books Ltd

- Lindley, David. *Boltzmanns Atom: The Great Debate That Launched A Revolution In Physics.* Free Press

- Kiernan, Denise et D'Agnese, Joseph. *Science 101: Chemistry.* Harper Perennial、2007

- Gonick, Larry. *The Cartoon Guide to Calculus.* William Morrow

- Munroe, Randall. *What If?: Serious Scientific Answers to Absurd Hypothetical Questions.* Houghton Mifflin Harcourt（中文版《如果這樣，會怎樣？：胡思亂想的搞怪趣問 正經認真的科學妙答》由天下文化出版）

- Epstein, Lewis Carroll. *Thinking Physics.* Insight Press

- Lederman, Leon Max. *The God Particle: If the Universe Is the Answer, What Is the Question?* Houghton Mifflin Harcourt

- Heer, Margreet De. *Science: A Discovery in Comics.* NBM Publishing

- Faraday, Michael. *The Chemical History of a Candle.*（中文版《法拉第的蠟燭科學》由台灣商務出版）

- Wheelis, Mark et Gonick, Larry. *The Cartoon Guide to Genetics.* Harper Perennial

- 朴晟萊等，《과학사（科學史）》傳播科學史

- Gower, Barry. *Scientific Method: A Historical and Philosophical Introduction.* Routledge

- Parker, Barry. *Science 101: Physics.* Harper Perennial

- Bova, Ben. *The Story of light.* Sourcebooks

- Maddox, Brenda. *Rosalind Franklin: The Dark Lady of DNA.* Harper Perennial

- 崎川範行，《新しい有機化学（新有機化學）》講談社

- 宋晟秀，《한권으로 보는 인물과학사（一本看完人物科學史）》bookshill

- 小牛頓編輯部編譯，《완전 도해 주기율표（完全圖解週期表）》小牛頓

- Huffman, Art et Gonick, Larry. *The Cartoon Guide to Physics.* Harper Perennial

- Whitehead, Alfred North. *Science and the Modern World.*

- Hart-Davis, Adam et Bader, Paul. *The Cosmos: A Beginner's Guide.* BBC Books

- Hart-Davis, Adam. *Science: The Definitive Visual Guide.* DK

- 李政任，《인류사를 바꾼 100대 과학사건（改變人類史的百大科學事件）》學民史

- 鄭在勝，《정재승의 과학 콘서트（鄭在勝的科學演唱會）》across

- Watson, James D. *The Double Helix: A Personal Account of the Discovery of the Structure of DNA.*

- Ochoa, George. *Science 101: Biology.* Harper Perennial

- Henshaw, John M. *An Equation for Every Occasion: Fifty-Two Formulas and Why They Matter.* JHU Press

- Gribbin, John. *Almost Everyone's Guide to Science: The Universe, Life and Everything.* Yale University Press

- Henry, John. *A Short History of Scientific Thought.* Red Globe Press

- Sagan, Carl. *Cosmos.* Random House

- Stager, Curt. *Your Atomic Self: The Invisible Elements That Connect You to Everything Else in the Universe.* Thomas Dunne Books

- Criddle, Crake et Gonick, Larry. *The Cartoon Guide to Chemistry.* Harper Collins

- Transnational College of Lex. *What is Quantum Mechanics? A Physics Adventure.* Language Research Foundation

- Heppner, Frank H. *Professor Farnsworth's Explanations in Biology.* McGraw-Hill College

- Moore, Peter. *Little Book of Big Ideas: Science.* Chicago Review Press

- 洪盛昱，《그림으로 보는 과학의 숨은 역사（圖畫看科學隱藏的歷史）》書世界

索引

改變人類命運的科學家們【之二】
從法拉第到愛因斯坦，一切從**Big Bang**開始

과학자들 2

作　　者　　金載勳
譯　　者　　賴毓棻
審　　訂　　鄭志鵬
封面設計　　萬勝安
內頁排版　　藍天圖物宣字社
校　　對　　黃薇之
業　　務　　王綬晨、邱紹溢
資深主編　　曾曉玲
副總編輯　　王辰元
總 編 輯　　趙啟麟
發 行 人　　蘇拾平

出　　版　　啟動文化
　　　　　　台北市105松山區復興北路333號11樓之4
　　　　　　電話：（02）2718-2001　傳真：（02）2718-1258
　　　　　　Email：onbooks@andbooks.com.tw

發　　行　　大雁文化事業股份有限公司
　　　　　　台北市105松山區復興北路333號11樓之4
　　　　　　24小時傳真服務（02）2718-1258
　　　　　　Email：andbooks@andbooks.com.tw
　　　　　　劃撥帳號：19983379
　　　　　　戶名：大雁文化事業股份有限公司

二版一刷　　2023年9月
定　　價　　520元
I S B N　　978-986-493-143-9

國家圖書館出版品預行編目(CIP)資料

改變人類命運的科學家們【之二】：從法拉第到愛因
斯坦，一切從Big Bang開始 / 金載勳著；賴郁棻譯.
－二版.－臺北市：啟動文化出版：大雁文化發行, 2023.09
　面；　公分
ISBN 978-986-493-143-9 (平裝)
1.科學家 2.傳記 3.通俗作品
309.9　　　　　　　　　　　　　112011142